不安全行为管理

——安全生产隐患治理和风险防范抓手

符志民　编著

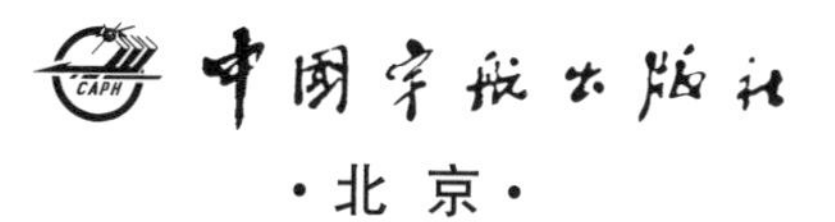

·北京·

图书在版编目（CIP）数据

不安全行为管理：安全生产隐患治理和风险防范抓手 / 符志民编著. -- 北京：中国宇航出版社，2020.11

ISBN 978-7-5159-1869-3

Ⅰ. ①不… Ⅱ. ①符… Ⅲ. ①安全生产—生产管理 Ⅳ. ①X931

中国版本图书馆CIP数据核字(2020)第225023号

责任编辑 侯丽平　　封面设计 宇星文化

出版发行 中国宇航出版社

社 址 北京市阜成路8号　　邮 编 100830

(010)60286808　　(010)68768548

网 址 www.caphbook.com

经 销 新华书店

发行部 (010)60286888　　(010)68371900

(010)60286887　　(010)60286804(传真)

零售店 读者服务部

(010)68371105

承 印 三河市君旺印务有限公司

版 次 2020年11月第1版　　2020年11月第1次印刷

规 格 880×1230　　开 本 1/32

印 张 5.25　　字 数 151千字

书 号 ISBN 978-7-5159-1869-3

定 价 77.00元

作者简介

符志民，哈尔滨工业大学博士，北京大学博士后，研究员，教授，博士生导师。**国际宇航科学院院士，世界生产力科学院院士。**系统工程、系统总体设计、项目管理、风险评价与管理、质量保证和管理科学与工程专家。

符志民现任中国航天科工集团有限公司总工艺师、安全生产总监。历任**中国航天二院系统总体设计师、国家高技术研究发展计划（863计划）先进防御技术领域专家委员会副主任委员（首席专家）、国家某重大任务副总设计师，中国航天二院总体设计部主任**、研发部主任、**北京仿真中心主任**、系统试验部主任、科研生产部部长、发展计划部部长，**中国航天二院副院长，航天科工集团科技与质量部部长，中国航天二院院长**、中国航天二院研究生院院长。兼任**中国项目管理研究委员会副主任委员；中国首批国际项目管理专业资质（IPMP）认证评估师，中国首批国际项目管理专业资质（IPMP）认证高级项目经理；**国际注册首席创新官（CCIO）；注册高级企业风险管理师（CSERM），亚洲风险与危机管理协会专业顾问；中国管理科学学会常务理事；中国优选法统筹法与经济数学研究会常务理事；中国宇航学会常务理事；**国家注册质量工程师，**中国质量协会学术委员会委员；北京大学研究员，哈尔滨工业大学兼职教授，中国科学院客座教授，大连理工大学兼职教授，南京理工大学兼职教授，桂林电子科技大学特聘教授。

符志民在**中国航天**多个领域、多个重要岗位工作并担任重要职务，在**系统工程，系统总体设计，大型复杂项目系统工程总体设计、**

技术规划和控制、工程专业综合，项目组合管理和项目群管理，管理科学与工程，风险规划、识别、分析、评价、应对和监控，科技创新，质量保证，技术基础，文化建设等领域具有较深的造诣。负责、参与、组织实施了**多个国家级重大项目的系统工程总体设计、技术规划和控制、工程专业综合**等系统工程工作，完成了**多类国家级大型复杂系统工程项目开发**和**多个系统级、综合类重大项目研究，为中国航天事业发展做出了贡献。**

符志民享受**国务院政府特殊津贴。**荣获**全国五一劳动奖章、**中国首届十佳杰出国际项目经理、科学中国人年度人物、全国先进生产力杰出人物、国家高技术特殊重大贡献先进个人、质量技术突出贡献奖、国家创新能力建设先进工作者、管理创新突出贡献者、优秀经营管理者、知识产权推进工程先进个人等荣誉。获**国家科学技术进步特等奖 2 项，国家科学技术进步二等奖 1 项，部级科学技术进步特等奖 1 项、一等奖 1 项**、二等奖 4 项、三等奖 2 项，中国航天基金奖、**国防科技重大突破专项奖特等奖 1 项、一等奖 1 项，管理科学奖 2 项，**拉姆·查兰管理实践奖 1 项，**国家级企业管理现代化创新成果一等奖 3 项**、二等奖 2 项，国防科技工业企业管理创新成果一等奖 5 项、二等奖 1 项，航天企业管理创新成果一等奖 5 项、二等奖 1 项。专著 6 部。在各类学术刊物和学术会议上发表近 70 篇学术论文。

前　言

信仰是主体对客体的信奉和尊敬，拿来作为行为的指南、榜样和准则。从哲学意义上说，信仰是一种强烈的信念，既是主体的信任所在，也是价值所在。**安全惠及人的生命与健康，为实现“人本安全”，企业及其员工应该把安全奉为信仰。要想确保本质安全，就必须落实主体安全责任，恪守安全规矩，建构安全长效机制。**

安全生产不仅要高于一切、先于一切、重于一切、影响一切，而且要压倒一切。安全底线不能踩，安全红线不能越，安全高压线不能碰。

安全文化是存在于组织、个人中的安全的理念、价值观、意识、态度、知识、能力、习俗和行为方式状态等的总和。安全文化建设是提升企业安全管理水平、实现企业本质安全的重要途径，是一项牵系企业员工生命与健康安全的系统工程。**始于教育，终于教育，**全员应有：**根植于内心的安全素养、无需提醒的安全自觉、以确保安全为前提的行为、为他人安全着想的善良。**各级组织应建立：教育培训、责任落实、资源保障、隐患防范、过程监管、评价激励安全保证机制。安全是信仰，安全是底线，安于心，居安思危，成于防，治于德。安全有道，全员必须真正重视，烘托浓郁安全氛围，全面提升安全意识。设计师、工艺师、管理者、技能人员等都要树立正确的安全观，把确保自己安全、他人安全、产品安全、作业场所安全、环境安全等作为天职。

企业的各级各类人员必须知悉自己的**岗位安全职责**，每个人都要成为本岗位安全责任落实一把手，并着力落细、落实、落小、落地；每位员工应掌握并具备**岗位必备的安全生产法律、法规、规章制度、标准、规范、知识、技术、方法、工具、技能和才能**，并且学做合一、知行合一；全员应知晓**岗位作业的“不安全（冒险）行为”**。杜绝不安全行为，消除不安全状态，企业应施行“行为安全管理”，控制、规避不安全行为，熔化“安全冰山”。管业务必须管安全，管安全必须融入业务。

马斯洛需求层次理论将人类需求从低到高分为五个层次：生理需求、安全需求、爱和归属感（社交需求）、尊重需求和自我实现（自我超越）需求。基于人的需求，在实际工作中，应该以人为本，提升主体安全意识，树立正确的安全观，严格落实安全需求，提升人的安全素养，**确保人的安全**成为安全工作的首要职责。

产品（硬件、软件、服务等）安全是企业工作的重要目标，确保岗位作业安全符合要求是实现产品安全的必要条件，产品安全性要求必须切实落实。型号/项目/产品的安全须严格遵循《装备安全性工作通用要求》(GJB 900A—2012)，认真实施安全性管理、安全性设计与分析、安全性验证与评价、装备使用安全、软件安全性等安全性工作项目，在型号/项目/产品关键过程审查、转阶段、验收与鉴定等产品实现关键点给出安全合规性评价、安全风险分析与评估报告，学习、借鉴、吸收美军颁发的安全性军用标准《系统安全标准实践》（MIL - STD - 882E，*Standard Practice of System Safety*）的精华为我所用。

危险作业场所应成为安全控制的重点，要**明确危险作业场所安全必备要求**，持之以恒抓落实。**明晰设备、设施等安全必备要求**，确保产品实现过程中操作、使用合规。安全隐患不测，安全风险不确定，应系统、科学地对岗位、作业、项目、业务、单位的安全风险进行辨识、分析、评价、应对和监控，筑牢风险管理体系，在每项工作之前思考、策划“有什么风险？会产生什么后果？怎样防范？”，从而提升安全风险管理水平；应采用先进的设计、制造、验证、管理技术和方法，实现科技强安；应充分利用大数据、互联网、物联网、云计算、智能化等科技成果，全力推动并实现安全生产信息化，推进安全生产智能化，以智慧提安。

第一次、次次做正确的事、正确地做事、把正确的事做正确，对安全生产至关重要。第一次就把安全生产工作做对、做好，切忌努力地、重复地把错误的事情做正确，这是企业价值观、战略、竞争力、方法论的综合体现，更是企业卓越的标识。企业安全发展应是企业发展的首责和宗旨。

对单位、项目、产品、个人实施**安全绩效量化评价**，知道自己的能力、水平（领先、先进、合格、落后）所在，知悉差距所在，知悉问题症结、原因所在；安全生产标准化必须达标，对标先进，标杆管理，追求卓越，提高安全工作成熟度；优化流程，量化分析，精准预防，精益管理，智能追踪。安全管理须保证必要的预防成本、鉴定成本等符合性安全成本，以减小安全损失，避免不应有的安全损失。

为了确保人员安全、产品安全、设备（设施）安全、作业场所安全、环境安全等，所有主体在岗位作业时都应知悉、防范、杜绝不安全行为，这是底线，更是红线。《不安全行为管理——安全生产隐患治理和风险防范抓手》就是为了应对这一挑战、完成这一使命、保证岗位作业行为不逾线而编著的。符志民是全书总设计，负责全书总体策划、系统构思、架构设计，对本书全部内容进行详细设计、撰著、修缮和审定，丛山、李娜、俞辉、戴维、李群、赵靓、冯杰参与了本书研究写作。本书共分6章，第1章，阐明不安全行为的定义；第2章，概述不安全行为相关理论和模型；第3章，阐述行为安全管理的目的、模型、流程、方法和工具等；第4章，分析航天科工不安全行为的管理；第5章，分析航天科工各主要岗位的不安全行为；第6章，介绍典型岗位典型不安全行为的控制。

感谢丛山、李娜、俞辉、戴维、李群、赵靓、冯杰等为不安全行为管理研究、本书写作做出的贡献。中国航天科工安全生产培训中心、中国航天二院天剑学院、中国航天科工安全保障部安全管理处等单位和部门，以及中国航天科工安全生产战线上的职业、专业安全生产与应急管理工作者，中国航天科工安全保障部牛东农、中国航天二院娄军等，参与了不安全行为管理研究，为本书的创作提供了支持。中国航天二院技安管理处丛山处长为本书的完成做了大量组织、协调工作。深圳市赛为安全技术服务有限公司为本书创作提供了理论咨询服务。在此，谨向所有提出过建议、提供过帮助和支持的专家、同事、朋友和单位表示衷心的感谢！

安全文化让企业及其员工不想安全违规、不愿安全出事，安全规章制度让不安全行为不易产生、安全风险及时防范，安全机制让组织、人、项目、产品、作业场所、设备、设施等远离不安全状态。安全工作永远在路上。

由于作者水平所限，不当之处在所难免，欢迎读者批评指正。

2020年7月5日

目　录

第1章　不安全行为概述

安全事故是指生产经营单位在生产经营活动（包括与生产经营有关的活动）中发生的，伤害人身安全和健康，或者损坏设备设施，或者造成经济损失的，导致原生产经营活动（包括与生产经营活动有关的活动）暂时中止或永远终止的意外事件。

造成生产安全事故的原因主要包括四个因素：人的因素、物的因素、环境因素和管理因素。其中，人的因素主要指人的不安全行为，物的因素主要指物的不安全状态，环境因素主要指生产作业环境不符合要求和突发的环境变化等因素，管理因素主要指管理不合规、管理不正确、管理不科学等所导致的危险和有害因素。上述因素中，人的不安全行为、物的不安全状态或其组合是引发事故的关键因素，事故可能由一种因素或者是上述因素两者或多者组合引发。

虽然生产安全事故是诸多因素相互作用的结果，但人的因素一直被看作是导致事故发生的最主要因素。美国著名安全工程师海因里希（H. W. Heinrich）通过大量事故统计分析和研究发现，在可预防的工业事故中，大约88%的事故是由于人的不安全行为而引发的。目前，国内外学者从不同的角度对人的不安全行为进行了大量研究。本章总结了国内与国外学者对不安全行为的各类表述，给出了中国航天科工集团有限公司（以下简称为“航天科工”）对不安全行为的界定，分析了不安全行为产生的潜在原因，阐述了不安全行为管理的意义。

1.1　国内表述

国内学者对人的不安全行为的表述可综合如下：由于人为差错、

人为错误导致事故产生的行为，视为不安全行为。该表述主要突出以下两个方面：

（1）可导致事故的人为差错

人为差错是指由于人的素养、性格（遗传及社会环境）、知识、履历、经验、技能、才能等缺失所造成的错误，从而导致事故发生。

（2）可导致事故的人为错误

人为错误是指人在生产过程中由于违章指挥、违规作业、违反劳动纪律等行为所造成的错误，从而导致事故发生。

通过分析，人的不安全行为主要具有以下特性：

（1）非唯一性

按造成后果的大小来分，事故可以分为未遂事故、造成事故以及扩大事故三种。其中，未遂事故是指在职业安全上有可能造成人员伤亡或财产损失，但实际上未产生这种后果的事件；造成事故是指人（个人或集体）在为实现某种意图而进行的活动过程中，突然发生的、违反人的意志的、迫使活动暂时或永久停止，或迫使之前存续的状态发生暂时或永久性改变的事件；扩大事故是指由已发生的事故或外部事件产生的连锁反应而诱发的事故，如发生爆炸、火灾时有可能发生的二次爆炸、火势蔓延、倒塌，或者因有害气体、蒸汽、粉尘的泄漏，使作业者受到危害或环境被污染。

（2）普遍性

任何作业者和生产作业活动都会有发生不安全行为的可能性。例如，在通常被认为不会出现不安全行为的办公室内亦会出现湿手拔插电源插座等不安全行为；而一名经验丰富、遵规守纪的老员工也会因为个人的精神状态不佳而影响到自己对环境的感知进而发生不安全行为。

（3）相对性

安全与不安全是相对的，安全的行为与不安全的行为都是针对某一特定的环境状况来说的。比如，某种环境中，一种行为可以被认为是安全的，但是在另一种环境中，这种行为很有可能就是不安全的。

1.2　国外表述

国外对人的不安全行为的表述，较多使用的是“人的失误”这一概念[1-9]。具有代表性的表述包括以下方面：

1）操作者实际行为与被要求的行为之间的偏差；

2）超出可接受程度的人的行为；

3）一项规划整个场景的活动，包括思想和身体活动等多方面的内容，但这项活动未能达到预期的结果；

4）人的行为明显偏离预定的、要求的或希望的标准，导致不希望的时间延迟，或者产生困难、问题、麻烦、误动作，或者发生意外事件或事故；

5）在非故意的前提下，未能完成熟悉的、基于技能的活动的行为，或者是活动虽完成、但活动过程及其结果不完全符合要求的行为；

6）未能保持必要的注意力或者是忘记了应做的事情；

7）处理日常的问题或对熟悉的情况做决定的时候，仅凭经验去做，未能正确地使用已有的规则或程序；

8）采用非程序化的行为，包括推理和估计，而不是遵守规则；

9）未能注意重要的线索或信息，尤其是对决定非常重要的可感知信息；

10）由于缺少监督者的强制或走“捷径”以节省时间和提高效率，或者是因规则过于严格而故意违反的行为；

11）由于工作压力过大、环境状况缺少保障、不适当的结构设计、不充足的员工保障等而故意违章的行为；

12）故意广泛地偏离程序做错一些事情，忽视危险，只顾眼前和局部利益等的行为。

关于“人的失误”这一概念，这些定义的表述各有侧重点，主要分为两类：

1）侧重于实际的行为与预期的行为之间存在的偏差，即在一开始，行为就被预先设定了应该执行的路线；

2）侧重于由于外在条件的干扰而出现的失误，如注意力不集中、工作有压力、缺少强制措施等，并且都是基于员工是否遵守要求的规程而提出的，考虑得比较片面。

1.3　航天科工表述

航天科工的不安全行为指在科研生产经营活动中，因未履行安全生产职责、偏离预定的要求，从而可能引发事故或造成隐患的人为差错。

主要包含以下特征：

1）安全生产意识不强、能力不足；

2）未履行安全生产职责；

3）违章指挥；

4）违章作业；

5）违反劳动纪律；

6）无意识的不安全行为或失误；

7）未能制定有效的规章制度、程序、流程、标准、规范；

8）推诿或拒绝监督；

9）客观因素造成的勉强行为。

1.4　不安全行为潜在原因

传统的安全管理理论把出现不安全行为的原因归为不正确的态度、知识缺乏及能力不足、身体不适、工作环境不良四个方面。但从行为安全管理的理论实践来看，应从安全管理体系建设、规章制度建设、人的行为等方面入手，结合传统安全管理理论的四个方面进行分析，从而找出不安全行为的潜在原因，主要有以下方面：

1）责任缺失。不论是组织赋予岗位责任的缺失，还是个人原因造成的责任缺失，都是造成不安全行为出现的原因。

2）缺乏培训。必要的培训是职工具备岗位技能的充分条件，缺乏培训将不能保证职工胜任岗位。

3）缺乏知识。不能做到岗位安全知识应知应会，是员工岗位作业行为不规范的基础原因。

4）缺乏技能、才能。岗位技能、才能不满足要求，上岗条件不具备，考核不完备，是不安全行为出现的主要原因。

5）缺少关注。关注不足会降低员工行为在岗位作业中被重视的程度，转而变为次要或非本质性的约束。

6）缺少防护装备、工具、设施。在生产作业中，防护装备、工具、设施的缺少从客观上决定了要么停止作业，要么出现不安全行为。

7）习惯，不以为然。职工对待岗位作业的态度决定了作业行为的失控与否。

8）状态、情绪、身体不佳。生理性因素在一定程度上影响了职工的作业安全行为。

9）环境条件不良。不良的环境条件，是约束作业状态、影响作业心理、诱发人员出现不安全行为的一种因素。

1.5　不安全行为管理的意义

近年来，全国安全生产形势总体保持稳定态势，但仍发生了一些令人痛心的重特大安全生产责任事故，警示人们需要时刻紧绷安全生产这根弦，加强安全生产管理工作。海因里希因果连锁和博德因果连锁等现代事故致因理论都表明，人的不安全行为是导致事故发生的最重要因素之一。人既是一切生产系统最重要的构成要素，同时也是系统安全最重要的决定因素和最根本的因素。因此，从人因上下手，使所有主体在岗位作业时都知悉、防范、杜绝不安全行为，保证岗位作业行为不逾线，保证人员次次正确地做事、做正确的事、把正确的事做正确，对于确保人员安全、产品安全、设备/设施安全、作业场所安全等具有重要意义。

第2章　不安全行为相关理论和模型

2.1　事故致因理论

2.1.1　海因里希法则及其“多米诺骨牌模型”理论

海因里希法则即死亡/重伤事故、轻伤事故与无伤害未遂事故之间存在1∶29∶300的比例关系，海因里希伤亡事故金字塔（图2-1）充分表达了这一法则。

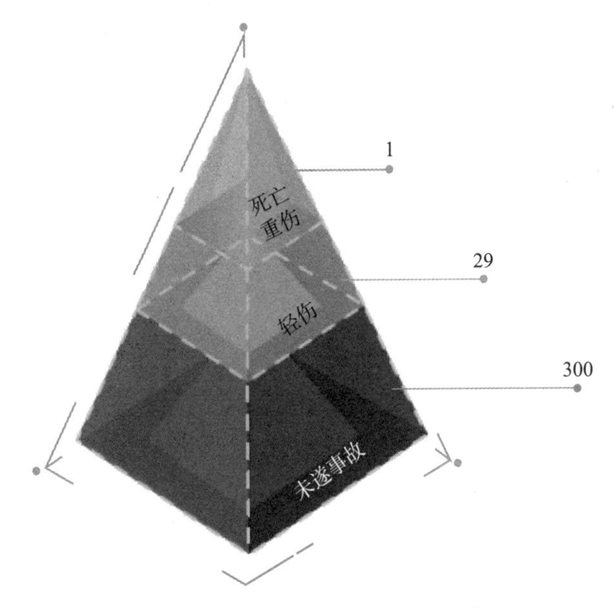

图2-1　海因里希伤亡事故金字塔

海因里希通过分析5000起工伤事故的发生概率，提出了著名的“伤亡事故金字塔”，即：在1起重伤事故的背后，有29起轻伤事故；在29起轻伤事故背后，有300起无伤害未遂事故，以及大量的不安全行为和不安全状态。

海因里希针对事故起因模式，提出了“多米诺骨牌模型”，构建了“多米诺骨牌模型”理论，以阐明导致事故、伤亡的各种原因及其与事故间的关系。该理论认为，伤亡事故的发生不是一个孤立的事件，而是一系列事件相继发生的结果。即人员伤亡的发生是事故的结果，而导致事故发生的原因是人的不安全行为和物的不安全状态，人的不安全行为或物的不安全状态是由于人的缺点（人的失误和过错）造成的，人的缺点是由不良社会环境诱发的，或是由先天的遗传因素等造成的。

海因里希事故因果连锁过程包括如下5个因素，即：遗传及社会环境、人的缺点、人的不安全行为或物的不安全状态、事故、伤亡。在海因里希多米诺骨牌模型理论中，海因里希借助多米诺骨牌描述了事故的因果连锁关系，即事故的发生是一连串事件按一定顺序互为因果依次发生的结果。一旦第一张多米诺骨牌倒下，就会导致其后的多米诺骨牌依次倒下，最终导致伤亡事故的发生。海因里希认为，企业安全工作的重心就是防止人的不安全行为，消除机械的或物质的不安全状态，中断事故连锁的进程而避免事故的发生。

2.1.2 博德骨牌模型

在海因里希多米诺骨牌模型的基础上，博德（Bird）提出了博德骨牌模型，亦称“损失起因模型”。博德骨牌模型是将事故全过程中的各种引发因素合理分类，描述了事故发生的机制和特点，对事故原因进行了定性和定量分析，以采取有针对性的措施和方法。该理论指出，伤亡事故的发生不是一个孤立的事件，而是一系列原因、事件相继发生的结果，即伤亡事故与各原因之间具有连锁关系（图2-2）。该模型将事故的原因分为直接原因、基本原因和根本原因。

其中，事故的直接原因是事故发生时存在人的不安全行为、物的不安全状态。这是安全生产管理工作中必须特别关注的两个方面。

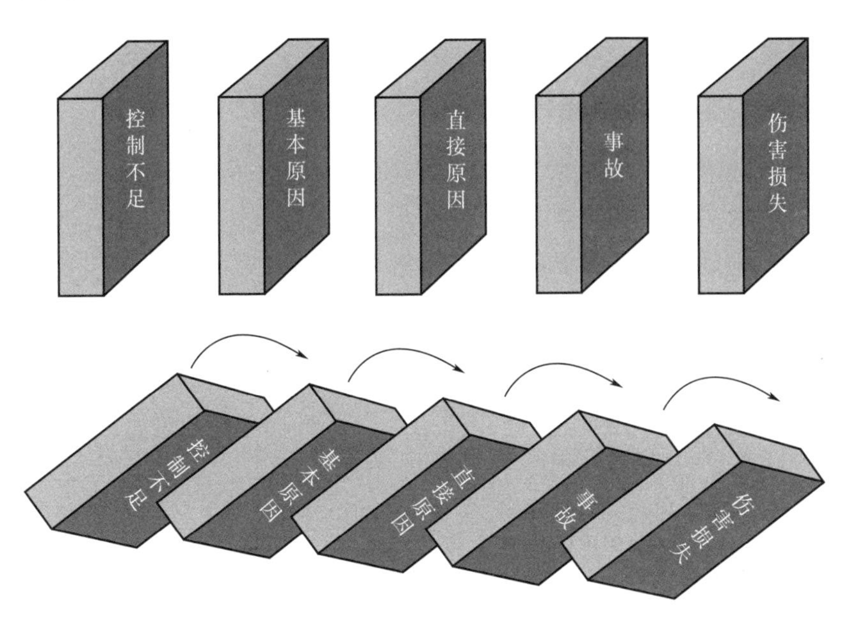

图 2-2　博德骨牌模型

事故一般由人的不安全行为引发，而物的不安全状态与人的不安全行为息息相关，因为物是由人管理并由人购置或设计、制造和维护的，而物的状态也与操作规程、环境条件、安全保障等密切相关，亦会随着人的操作模式、操作水平、操作条件等变化，其不安全状态是变化的。随着物的不安全状态程度加大，事故发生的风险也会增大。

事故的基本原因包括个人因素和工作因素。个人因素包括安全素养不够、安全知识与技能缺乏、行为动机不正确、生理或心理有问题等；工作因素包括安全制度和程序不完备、物的状态不符合要求、作业环境不合规等。

事故的根本原因是安全工作管控不足。由于安全生产思想认识不到位、意识不足、重视不够、安全生产体系不完备、安全生产制度不健全、安全生产机制不落实、安全生产治理能力不足、安全生产平台建设不力等，这些管理问题、管控不力和管理缺陷等，导致事故基本原因的产生，基本原因又导致了事故直接原因的产生。

2.1.3 亚当斯事故因果连锁理论

亚当斯提出了一种与博德骨牌模型类似的因果连锁理论，在该理论中，事故、事故致因及其引发因素与博德骨牌模型相似。该理论将人的不安全行为和物的不安全状态称为现场失误，其目的在于提醒人们注意不安全行为和不安全状态的性质。该模型以表格的形式给出（表2-1）。

表2-1 亚当斯事故因果构架

管理体系	管理失误		现场失误	事故	伤害或损坏
目标 组织 机能	领导者在下述方面决策失误或没做决策： • 方针政策 • 目标 • 规范 • 责任 • 职级 • 考核 • 权限授予	安技人员在下述方面管理失误或疏忽： • 行为 • 责任 • 权限范围 • 规则 • 指导 • 主动性 • 积极性 • 业务活动	不安全行为 不安全状态	伤亡事故 损坏事故 无伤害事故	对人 对物

该理论的核心在于对现场失误的背后原因进行了深入的分析。操作者的不安全行为及生产作业中的不安全状态等现场失误，是由于企业领导者及事故预防工作人员的管理失误造成的。管理人员在管理工作中的差错或疏忽，以及企业领导人决策失误或没有做出决策等，都对企业经营管理及事故预防工作产生了决定性的影响。管理失误反映企业管理系统存在问题，涉及管理体制、制度完善等事项，如是否有组织地进行管理工作，确定了怎样的管理目标，如何实现确定的目标等。管理体制反映了作为决策中心的领导人的信念、目标及规范，决定了各级管理人员安排工作的指导方针、工作基准和对重大事项轻重缓急的判断。

2.2　能量意外转移理论

1966 年，美国运输部安全局局长哈登（Haddon）引申了吉布森（Gibson）在 1961 年提出的“生物体受伤害的原因只能是某种能量的转变”这一观点，提出了能量意外转移理论（图 2－3）。

在科研生产过程中能量是必不可少的，人类利用能量做功以实现生产目的。人类为了利用能量做功，必须控制能量。在正常科研生产过程中，能量在各种约束和限制下，按照人们的需求流动、转换和做功。如果由于某种原因能量失去了控制，发生了异常或意外的释放，则会发生事故。可以说，事故是能量的不正常或意外转移。

如果意外释放的能量转移到人体、物体，并且其能量超过了人体、物体的承受能力，则人体、物体将受到伤害/损害。从能量的观点出发，人、物受伤害/损害的原因只能是某种能量向人体、物体的转移，而事故则是一种能量的异常或意外的释放。能量的种类有许多，如动能、势能、电能、热能、化学能、原子能、辐射能、声能和生物能等。人、物受到伤害/损害都可以归结为上述一种或若干种能量组合的异常或意外转移。麦克法兰特认为：“所有的伤害事故（或损坏事故）都是因为接触了超过机体组织（或结构）抵抗力的某种形式的过量的能量或者有机体与周围环境的正常能量交换受到了干扰。因而，各种形式的能量是构成伤害/损害的直接原因。”根据此观点，可以将能量引起的伤害分为两大类：

1）第 1 类伤害/损害是由于转移到人体、物体的能量超过了局部或全局性损伤阈值而产生的。人体、物体各部分对每一种能量的作用都有一定的抵抗能力，即有一定的伤害/损害阈值。当人体、物体某部位与某种能量接触时，能否受到伤害/损害及伤害/损害的严重程度如何，主要取决于作用于人体、物体的能量大小。作用于人体、物体的能量超过伤害阈值越多，造成伤害的可能性越大。例如，球形弹丸以 4.9 N 的冲击力打击人体时，最多轻微地擦伤皮肤，而

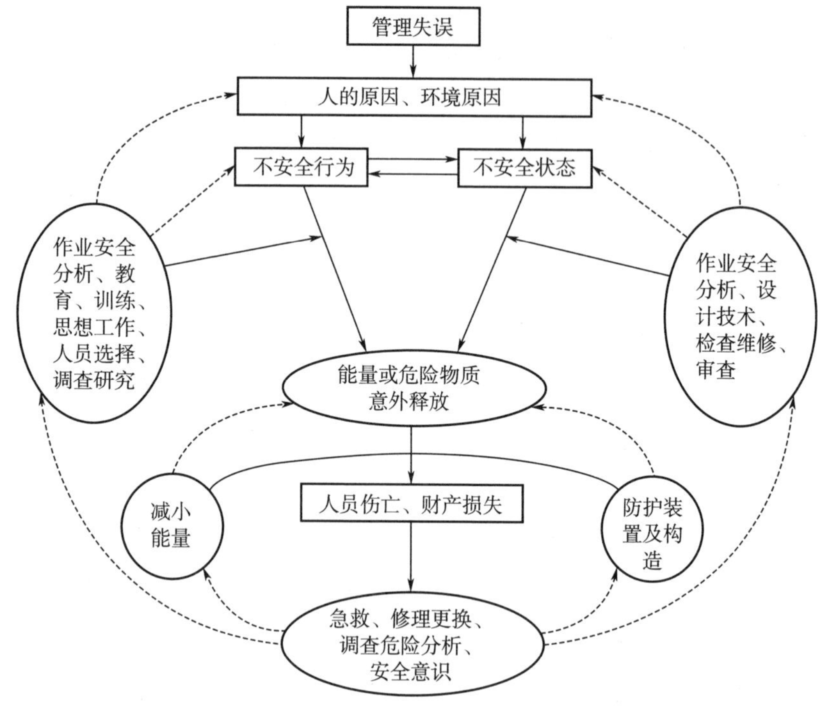

图 2-3 能量意外转移理论

重物以 68.9 N 的冲击力打击人的头部时，会造成头骨骨折。

2）第 2 类伤害则是由于影响局部或全局性能量交换引起的。例如，因物理因素或化学因素引起的窒息（如溺水、一氧化碳中毒等），因体温调节障碍引起的生理损害、局部组织损坏或死亡（如冻伤、冻死等）。能量转移理论的另一个重要概念是：在一定条件下，某种形式的能量能否产生人员、物体伤害，除了与能量大小有关以外，还与人体、物体接触能量的时间、频率、面积/体积、能量的集中程度、接触能量的部位等有关。用能量意外转移理论分析事故致因的基本流程是：首先确认某个系统内的所有能量源，然后确定可能遭受该能量伤害的人/物、伤害的严重程度，最后确定该类能量异常或意外转移的原因。

2.3　轨迹交叉理论

该理论认为，人的不安全行为和设备故障（或物的不安全状态）这两个事件链的轨迹有交叉时就会构成事故（图 2-4）。在多数情况下，由于企业管理不善，作业人员缺乏教育培训和训练，或者机械设备缺乏维护、检修以及安全装置不完备，就会导致人的不安全行为或物的不安全状态。

轨迹交叉理论将事故的发生发展过程描述为“基础原因→间接原因→直接原因→事故经过”。从事故发展运动的角度看，这样的过程被形容为事故致因因素导致的事故运动轨迹，具体包括人的因素运动轨迹和物的因素运动轨迹。

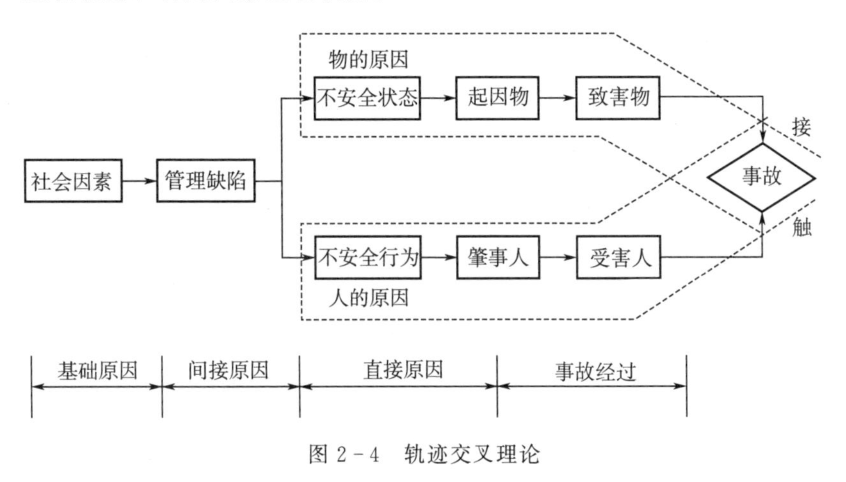

图 2-4　轨迹交叉理论

（1）人的因素运动轨迹

人的不安全行为基于生理、心理、环境、行为等方面而产生，主要指：

1）生理、心理缺陷；

2）社会环境、企业管理上的缺陷；

3）后天的身体缺陷；

4）视、听、嗅、味、触等感官能量分配上的差异；

5）行为失误。

（2）物的因素运动轨迹

在物的因素运动轨迹中，生产过程各阶段都可能产生不安全状态，包括：

1）设计上的缺陷，如设计错误、结构不合理、条件不符合等；

2）制造、工艺流程上的缺陷；

3）维修、保养上的缺陷，降低了可靠性；

4）使用上的缺陷；

5）作业场所环境上的缺陷。

在生产过程中，人的因素和物的因素运动轨迹均按其各自的1）→2）→3）→4）→5）的顺序进行。人、物两轨迹相交的时间与地点，就是发生伤亡事故的“时空”，也就导致了事故的发生。

2.4 墨菲定律

墨菲定律认为，做任何一件事情，如果客观上存在着一种错误的做法，或者存在着发生某种事故的可能性，不管这个可能性有多小，如果重复去做，事故总会在某一时刻发生（图2-5）。

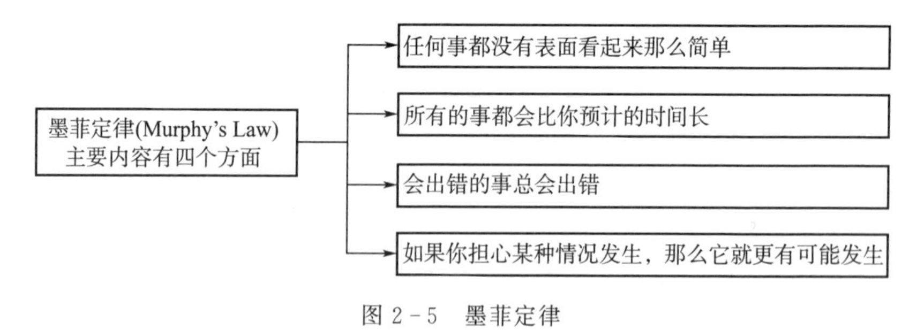

图2-5 墨菲定律

在数理统计中，有一条重要的统计规律：假设某意外事件在一次实验中发生的概率为$p(p>0)$，则在n次实验中至少有一次发生

的概率为 $P=1-(1-p)^n$。由此可见，无论 p 有多小，当 n 越来越大时，P 越来越接近于1。这一规律，从数理上证明了墨菲定律存在的必然性。

企业在生产经营过程中，一些不安全行为在一次或数十次过程中也许不能导致事故发生，但是长此以往，终究会发生事故。及时发现并纠正不安全行为是避免事故发生的最重要工作。

2.5　破窗理论

破窗理论认为，任何一种不良现象的存在，都在传递着一种信息，这种信息会导致不良现象的无限扩展。如图2-6所示，一幢有少许破窗的建筑物，如果窗户不被修好，可能会有更多的破坏者来破坏更多的窗户；一面墙，如果出现一些涂鸦没有被及时清理掉，很快该墙上就会布满涂鸦。

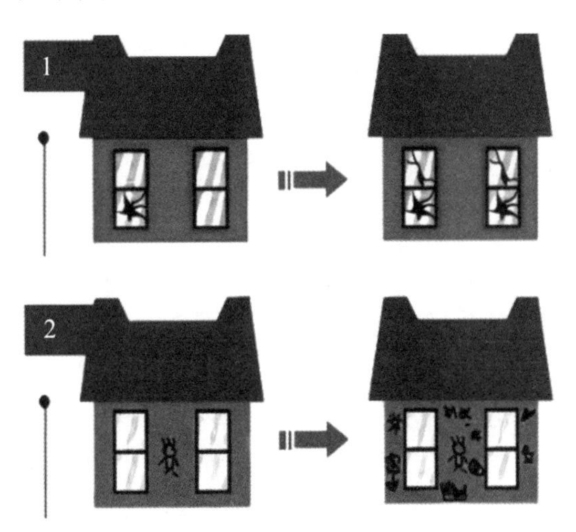

图2-6　破窗理论

具体而言，环境对人的行为有“正反馈”作用，对人们心理造成暗示性或诱导性影响。必须高度警惕那些看起来是偶然的、个别的、轻微的“过错”，如果对这种行为不闻不问、熟视无睹、反应迟钝或纠正不力，就会纵容更多的人“去打烂更多的窗户”，就极有可能演变成“千里之堤，溃于蚁穴”的恶果。要实现持续的、稳定的安全生产，不但要及时纠正不安全行为，更要杜绝“破窗理论”所描述的那种现象在企业蔓延，及时修复“第一块被打烂的窗户”。要防止“破窗理论”所描述的那种破窗效应在生产中发生，对待不安全行为必须坚决杜绝“第一次”。对不安全行为不能讲人情，不能搞下不为例，不能麻木不仁。

2.6 事故多重起因理论

事故多重起因理论认为，事故的发生通常不止一个原因，事故很少是由于一次行为或某一个状态因素所导致，多数情况下是多种因素综合作用的结果。

事故多重起因理论扩展了骨牌理论，以及不安全行为和不安全状态的内涵，昭示了每个事故通常是由多种行为、多种状况和多种类型的原因所导致的，包括复杂的、简单的、常见的、偶然的、系统的、个别的原因。

分析事故发生的原因时，应该考虑事故的多重起因。找到导致事故的所有原因是解决问题和预防更多事故发生的关键。只有辨析、确认在事故发生背后隐藏的许多因素及其主要原因、次要原因，针对原因和症结，彻底改正各种类型、深层次的系统缺陷，才能健全治理体系、提升治理能力。

该理论最重要的部分是事故调查人员必须使用分析程序和分析技术进行事故调查，以找出所有的事故原因。事故的调查分析程序与事故的产生过程正好相反，是逆向追踪。一般步骤为：分析事故现象，查询事故过程，了解、研究事故系统根源，查明事故因素起因，分析起因控制原理，提出纠正办法，给出系统改进、完善、提升的意见。

2.7　Haddon 矩阵理论

Haddon 矩阵理论是 1972 年由美国运输部安全局局长哈登（Haddon）提出的。该理论通过图表的方法说明事故原因和伤害阶段的关系（表 2-2）。它涉及事故及其原因的多维空间，是事故分析的理论基础。

表 2-2　Haddon 矩阵理论

	事故因素		
	人	设备	环境
伤害前	工作的时间压力（讲求效率而忽视安全习惯与意识）	带油的靴子	下雨
伤害中	在梯子上穿戴打滑的鞋子和手套	与地面的距离远，从高处坠落（坠落高度）	滑的梯子
伤害后	身体受到撞击而受伤	梯子压倒在人的身上，加重伤情	由于下雨，应急医疗反应迟缓

该理论将事故分为三个阶段：伤害前、伤害中、伤害后。例如，对从梯子摔下的人来说，伤害前阶段为穿着带油的靴子爬梯子，伤害中阶段为人跌落到地上的过程，伤害后阶段为人受到了撞击伤害。伤害事故的这些阶段展现了整个事故的发生顺序。

影响事件结果的三个因素是：人的因素、设备因素和环境因素。在应用 Haddon 矩阵理论进行分析时，事故调查人员应针对每个阶段发生的情况，制定分析矩阵。矩阵完成后，就可以对各因素间的相互作用进行划分和对比，进而确定事故起因、制定整改方案。Haddon 矩阵理论对确定事故发生过程和找出事故原因有很大的帮助。

2.8 Reason 瑞士奶酪模型

英国曼彻斯特大学著名心理学家、精神医学教授 Reason 于 1990 年根据复杂系统的生产过程提出了引发事故的人因模型，后来拓展为著名的瑞士奶酪模型。在该模型中，“潜在失效”主要是由最高层的错误决策与管理失误导致。这些潜在的失效不断传递到组织的中下层，削弱系统的防护功能并转变为“显性失效”。

该模型认为，在一个组织中事故的发生有 4 个层面的因素：组织和领导的因素、作业现场的管控、引发不安全行为的状态（前提条件）、不安全的行为（图 2－7）。每一片奶酪代表一层防御体系，每一片奶酪上的空洞代表该层防御体系中存在的漏洞或缺陷，而且这些孔的大小和位置都在不断变化。当四片奶酪上的孔在瞬间排列到一条直线上时，就形成“事故机会弹道”，危险就会穿过所有防御设施上的孔，导致事故发生。

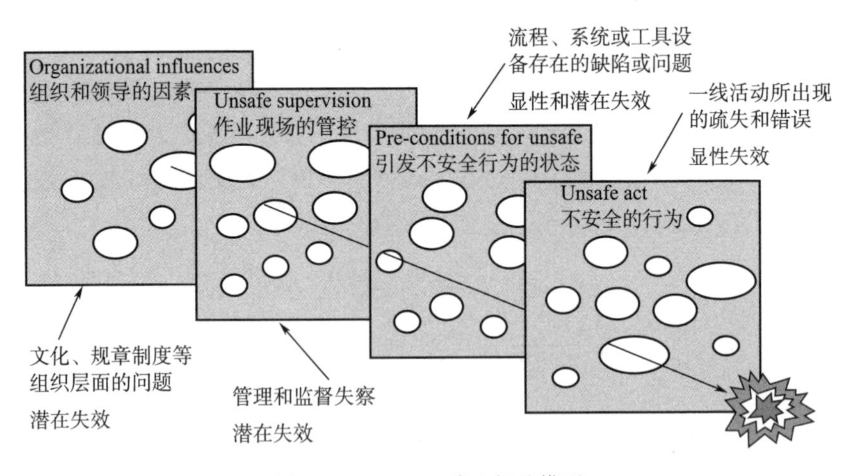

图 2－7 Reason 瑞士奶酪模型

在此模型的基础上，结合对医疗系统人因失效的研究，James Reason 在 1993 年提出了“病原体模型”。该模型认为，组织的系统好比人的身体，组织的系统是在体内培育“病原体”的温床，病原体好比“潜在失效”，一旦某种因素引发“显性失效”（不安全行为等），突破系统的防御，就会引发疾病（事故）的发生。James Reason“病原体事故引发模式”认为病原体侵入系统有两种途径：一是组织与管理的因素导致“潜在失效”（高层决策失误等）；二是个体因素引发“显性失效”（生理征兆或行为等）。“病原体模型”认为，在一个组织中事故的发生有5个方面的因素：组织和领导的因素、作业现场的管控、引发不安全行为的状态（前提条件）、不安全的行为、防护不足或失效，每个因素都有其独特形式的“潜在失效”和“显性失效”，当实施组织战略时，病原体就从组织的高层向组织内的各个管理层次扩散，导致管理系统失效。

管理系统失效包括“类型”和“征兆”两个方面，“类型”是指组织与管理失误的归类，包含“源类型”（与最高层管理人员的战略决策相关）和“职能类型”（与监管层实施高层管理的战略决策相关）两种；“征兆”是指个体失效的表现特征，包含“状态征兆”［指场景或不安全行为的心理预兆（动机、态度、注意力等）］和“行为征兆”（指失误，取决于差错、错误、违规等）。“病原体模型”将事故预防的重点从人的不安全行为转移到组织的系统管理和组织战略的实施过程等方面，对安全生产隐患治理、风险防范、事故根除、安全生产管理、实现本质安全等具有深远影响和重要价值。

2.9　系统模型

该模型认为，所有的事故都源自系统中常规性波动的意外组合。

具体而言，系统模型是一种复杂的、非线性的模型，事故是正常行为而非故障行为的意外组合，即系统在输出必要和充分的条件后，同其他的常规性波动进行组合或响应。因其复杂和非线性特质，很难用图表展现此模型。Erik Hollnagel 提出功能性响应模型并采用信号输出响应进行描述。从模型中可知，异常的波动（图 2－8）将使系统发散，呈不稳定状态，系统可能会不受控。系统模型的优点在于更全面地解释了导致事件发生的微妙相互作用，理解事件与状态之间的间接作用，就可识别潜伏状态或组织缺陷。

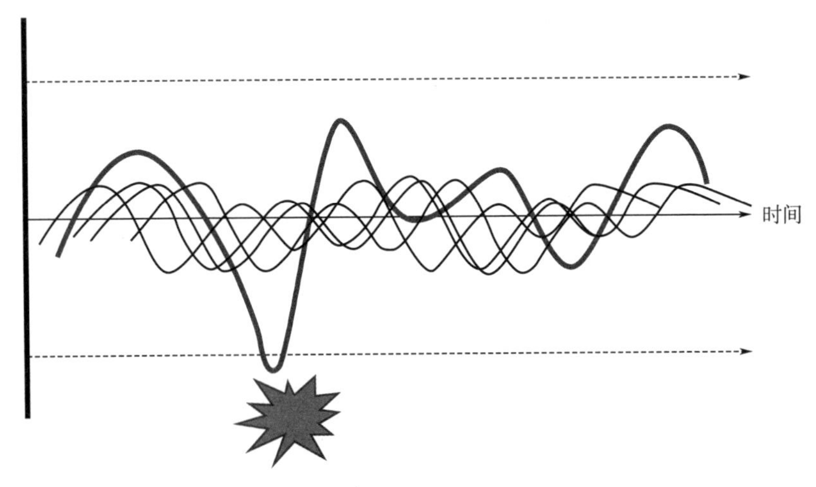

图 2－8　系统模型示意图（见 P128 彩图）

2.10　系统动力学理论

系统动力学（System Dynamics，SD）认为，凡系统必有结构，系统结构决定系统功能。该理论坚持系统科学思想，根据系统内部组成要素互为因果的反馈特点，从系统的内部结构来寻找问题发生的根源，而不是用外部的干扰或随机事件来说明系统的行为性质（图 2－9）。

应用系统动力学理论指导安全管理，可以得出：所有的事故都有安全管理系统上的原因；管理系统的缺陷，通过内部机制逐渐传递、放大和传染，最终导致安全事故的发生；只有纠正了管理系统上的缺陷，才能从根本上消除事故的根源。

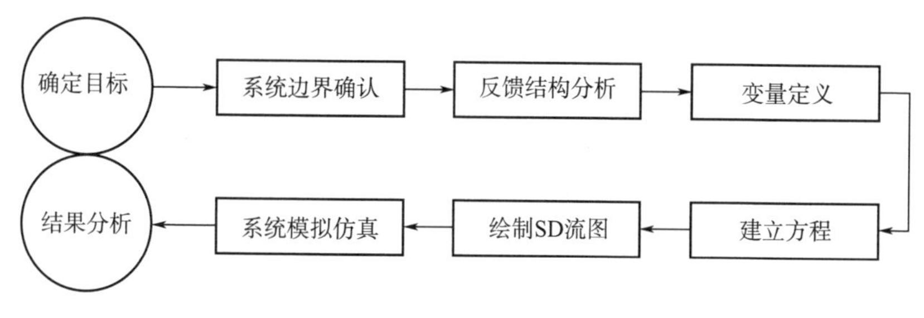

图 2-9　系统动力学建模流程图

2.11　人因事故模型

2.11.1　瑟利事故模型

该模型设定，人在信息处理过程中出现失误从而导致人的行为失误，进而引发事故。在事故的发展过程中，人的决策可以分为 3 个阶段，即人对危险的感觉阶段、认识阶段和响应阶段。在这 3 个阶段中，若处理正确，则可以避免事故和损失，否则就会造成事故和损失。

具体来说，瑟利事故模型以人对信息的处理过程为基础描述事故发生的因果关系。如图 2-10 所示，它把事故的发生过程分为危险出现和危险释放两个阶段。这两个阶段各自包括一组类似人的信息处理过程，即感觉、认识和行为响应过程。在危险出现阶段，如果每个环节中人的信息处理过程都正确，危险就能被消除或得到控制；反之，只要任何一个环节出现问题，就会使操作者直接面临危险。在危险释放阶段，如果各个环节中人的信息处理过程都是正确的，则虽然面临着已经显现出来的危险，但仍然可以避免将危险释放出来，不会带来伤害或损害；反之，只要任何一个环节出错，危险就会转化成伤害或损害。

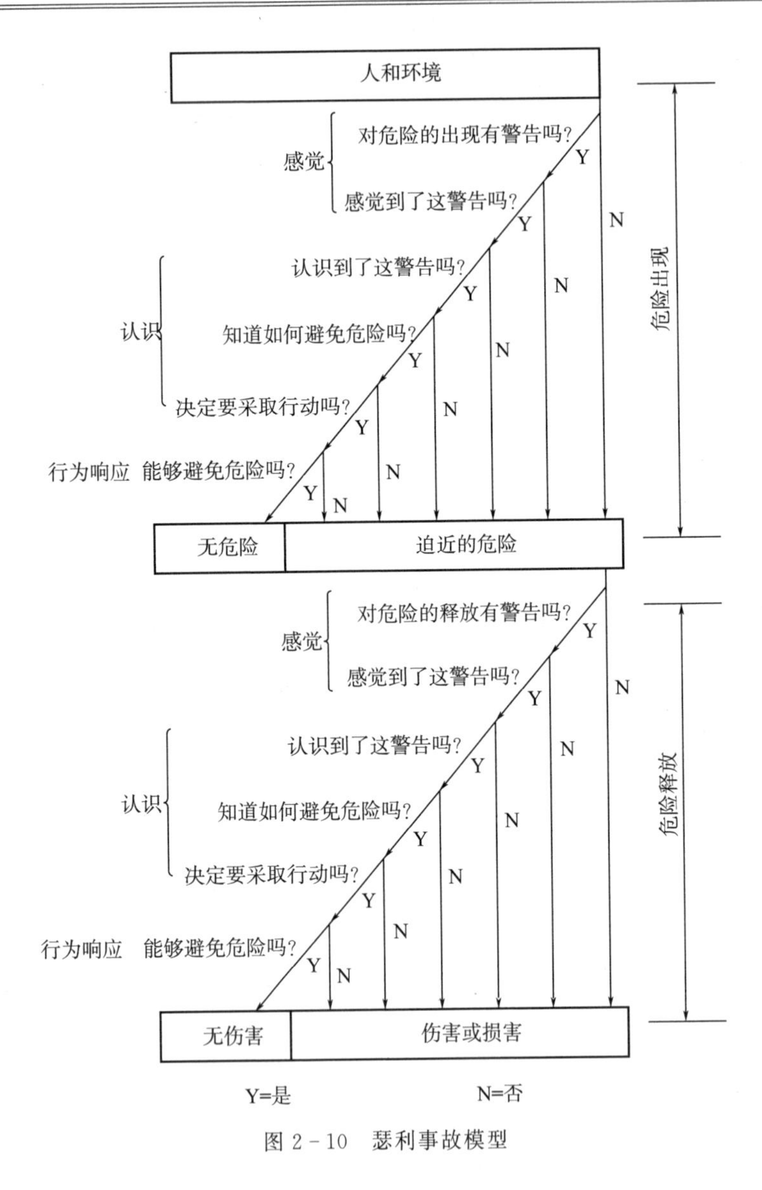

图 2-10 瑟利事故模型

由图 2-10 可以看出，危险出现和危险释放两个阶段具有类似的信息处理过程，共有三个阶段、六个问题。具体的问题内容如下：

1）对危险的出现（或释放）有警告吗？警告是指工作环境中对安全状态与危险状态之间的差异的指示。任何危险的出现（或释放）都伴随着某种变化，有些变化易于察觉，有些不易察觉。而只有使人感觉到这种变化或差异，才有避免或控制事故的可能。

2）感觉到了这警告吗？这包括三个方面：一是人的感觉能力问题，包括操作者本身的感觉能力，如视力、听力水平等；二是工作环境对人的感觉能力的影响问题；三是人的注意力，比如过度注意于某一工作事项或关注某一事/物时将会影响人对一些状态的感知。

3）认识到了这警告吗？这主要是指操作者在感觉到警告信息之后，是否正确理解了该警告所包含的意义，进而较为准确地判断出危险的可能后果及其发生的可能性。

4）知道如何避免危险吗？这主要指操作者是否具备为避免危险或控制危险，做出正确的行为响应所需要的知识和技能。

5）决定要采取行动吗？危险的出现（或释放）是否会对人或系统造成伤害或破坏是不确定的。而且在有些情况下，采取行动固然可以消除危险，却要付出相当大的代价。究竟是否立即采取行动，应主要考虑两个方面的问题：一是该危险立即造成损失的可能性，二是现有的措施和条件控制该危险的可能性，包括操作者本人避免和控制危险的技能。

6）能够避免危险吗？在操作者决定采取行动的情况下能否避免危险，则取决于人采取行动的迅速、正确、敏捷与否，以及是否有足够的时间等其他条件使人能做出行为响应。

上述六个问题中，问题 1）、2）与人对信息的感觉相关，问题 3）、4）、5）与人的认识相关，问题 6）与人的行为响应相关。这六个问题涵盖了人的信息处理全过程，并且反映了在此过程中有很多发生失误进而导致事故的机会。

2.11.2　威格里斯沃思事故模型

该模型设定，人的失误构成了所有类型事故的基础。

它把人的失误定义为“（人）错误地或不适当地响应一个外界刺激”。如图 2-11 所示，威格里斯沃思事故模型认为：在生产操作过程中，各种各样的信息不断地作用于操作者的感官，给操作者以“刺激”。若操作者能对刺激做出正确的响应，事故就不会发生；反之，如果错误或不恰当地响应了一个刺激（人失误），就有可能出现危险。危险是否会带来伤害事故取决于一些随机因素，即发生伤亡事故是有概率的。而这种伤亡事故和无伤亡事故又给人以强烈刺激，促使人们对原来的错误行为进行反思，使其树立安全观念，增强安全意识，主动地去掌握安全知识、安全技能，以驾驭系统，提高安全性。

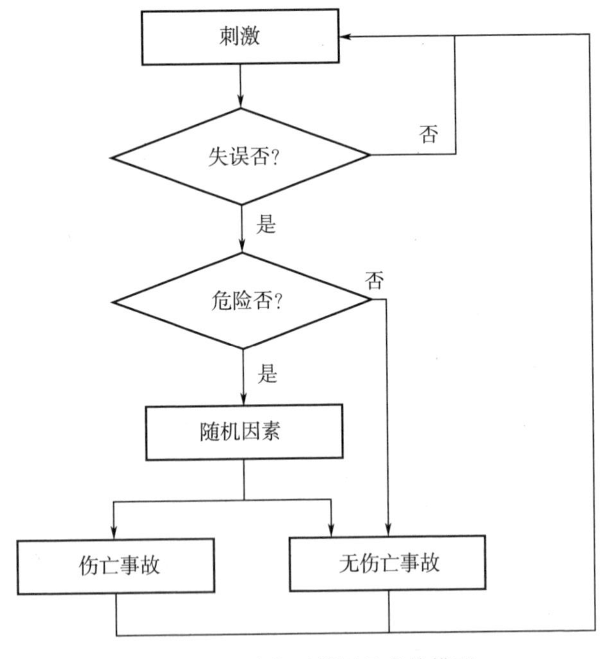

图 2-11 威格里斯沃思事故模型

2.11.3　劳伦斯事故模型

该模型设定，在发出了初期警告的情况下，行为人在接受、识别警告，或对警告做出反应等方面的失误都可能导致事故。

如图 2－12 所示，具体到生产过程中，当危险出现时，往往会产生某种形式的信息，向人们发出警告，如突然出现或不断扩大的裂缝、异常的声响、刺激性的烟气、突然变化的气候等，这种警告信息叫初期警告。初期警告还包括各种安全监测设施发出的报警信号。如果没有初期警告就发生了事故，往往是由于缺乏有效的监测手段，或者是管理人员事先没有提醒人们存在危险因素。人在不知道危险存在的情况下发生的事故，多是因管理失误造成的。

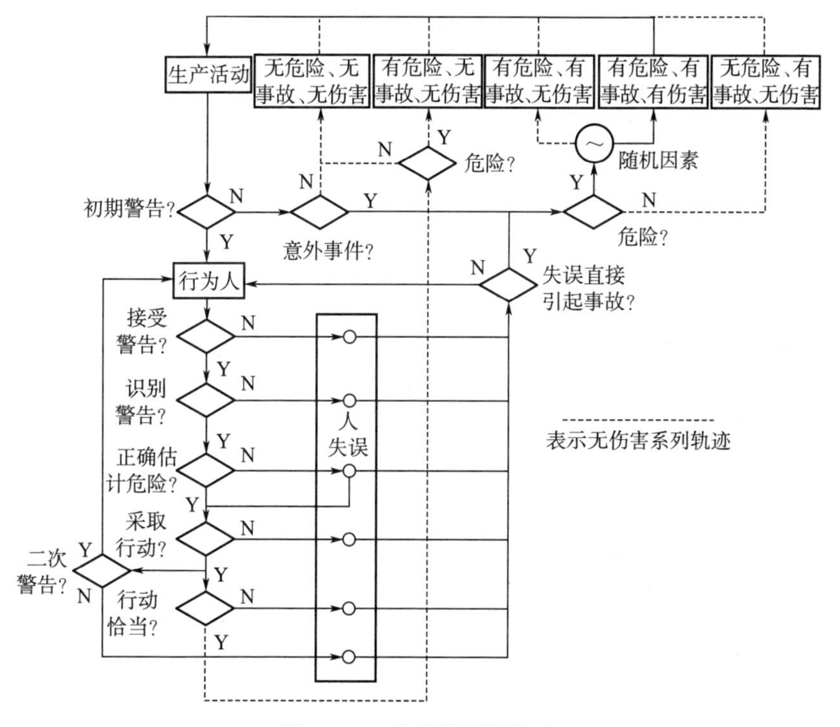

图 2－12　劳伦斯事故模型

2.11.4 安德森事故模型

安德森事故模型设定，人在信息处理过程中出现失误从而导致人的行为失误、不安全，进而引发事故。安德森事故模型在瑟利事故模型的基础上，探究为何会产生潜在危险，过程涉及机械及其周围环境的运行过程。

如图 2-13 所示，该模型在瑟利事故模型之上增加了一组问题，涉及危险线索的来源及其可察觉性，运行系统内的波动（机械运行过程及环境状况的不稳定性），以及控制或减少这些波动使之与人（操作者）的行为的波动相一致。具体问题为：

1）过程是可控制的吗？

2）过程是可观测的吗？

3）察觉是可能的吗？

4）对信息的理智处理是可能的吗？

5）系统产生行为波动吗？

6）系统对行为波动给出足够的时间和空间了吗？

7）能把系统修改成另一个更安全的等价系统吗？

8）属于人的决策范围吗？

若对问题 1）～5）的回答是肯定的，表明系统可控、良好。若对问题 1）～5）的回答是否定的，表明系统存在危险。对于问题 6），若回答是肯定的，则可跨过问题 7）、8），表明系统可控、良好。

2.11.5 人因因素理论

美国化学工程师协会出版的《化工事故调查指南》（*Guidelines For Investigating Chemical Process Incidents*，Second Edition，2003）认为，引发事故的人因因素主要涉及三个方面（图 2-14）：

1）人：人的特性和行为；

2）机：设备、工装、设施等；

3）管理体系：管理程序、工作指南和培训等。

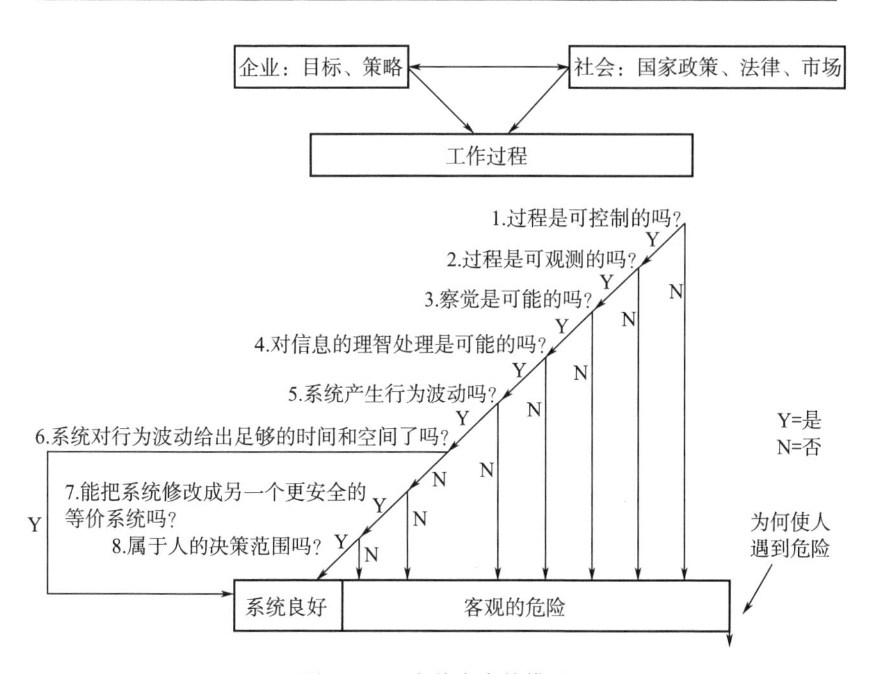

图 2-13　安德森事故模型

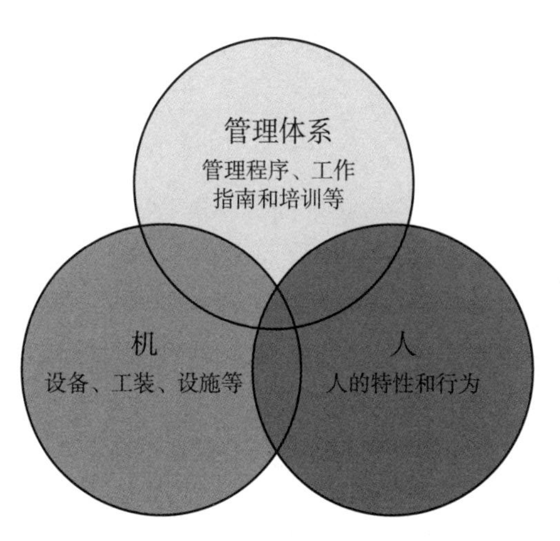

图 2-14　人因因素理论

该理论认为，员工在工作中每天都与技术、环境（更准确地说是作业环境）、组织因素相互作用。绝大多数情况下，人的行为不仅仅与员工的个体因素有关，而是技术、环境和组织因素综合影响的结果。一旦技术、环境和组织与管理者对人的行为绩效期望不匹配时，人的缺点就会被诱发出来。

当事故/事件发生时，管理者就应该寻找管理系统的原因。理论和实践证明，管理系统的缺陷会使得技术、环境和组织存在缺陷和不足，从而导致和诱发人的不安全行为（图 2-15）。

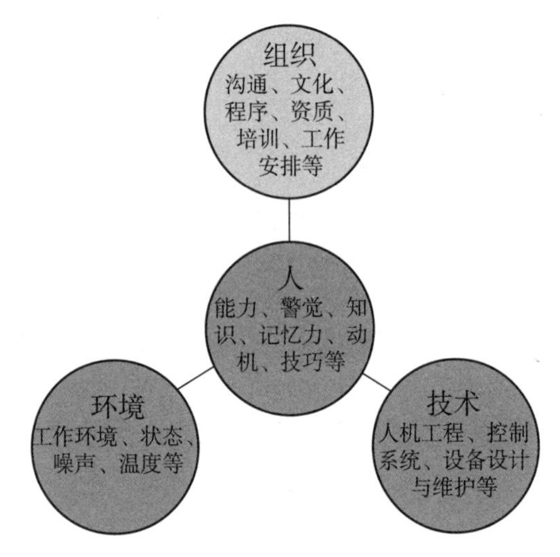

图 2-15 人与技术、环境、组织的相互作用

2.12 不安全行为分析模型

不安全行为分析模型设定，从岗位职责界定范围和规定的行为要求，可以反推出不安全行为的根源，通过逻辑推理和模型分析，总结出不同的产生不安全行为的原因，提出不同的控制措施。

如图 2-16 所示，从员工岗位职责是否对行为进行规定开始，推演员工有意和无意做出不安全行为的多种原因，从而得出对不安全行为的管控措施：对于无主观意识而做出不安全行为的控制在于提醒与引导，以增强意识为核心；对于有主观意识做出不安全行为的控制在于教育与管控，以转变意识为核心。

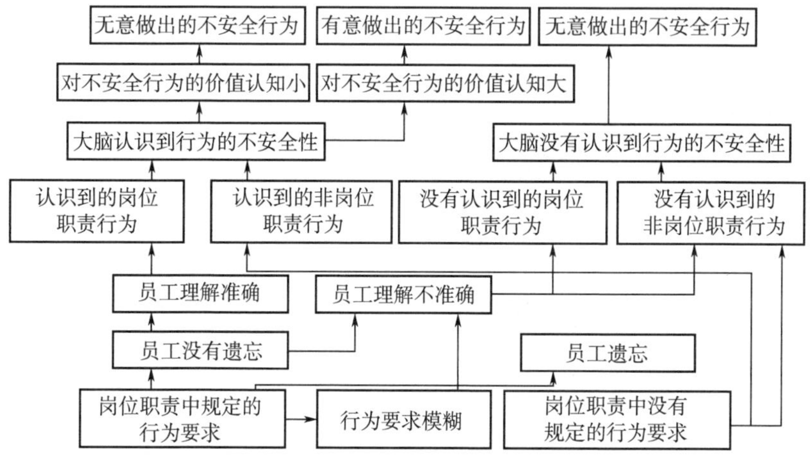

图 2-16　不安全行为分析模型

2.13　安全生产文化建设周期模型

安全生产文化建设周期模型设定，企业安全生产文化建设要经历四个阶段，即企业和职工的安全行为处于本能反应阶段、监督控制阶段、自主管理阶段、合作协同阶段（图 2-17）。

具体来说，企业安全生产文化建设不同阶段中企业和职工表现出的安全行为特征可概括如下：

第一阶段，本能反应阶段

企业和职工对安全生产的重视仅仅是一种自然本能保护的反应，表现出的安全行为特征为：

1）依靠人的本能——职工对安全生产的认识和反应是出于人的本能保护，没有或很少有安全生产的预防意识；

2）以服从为目标——职工对安全生产是一种被动的服从，没有

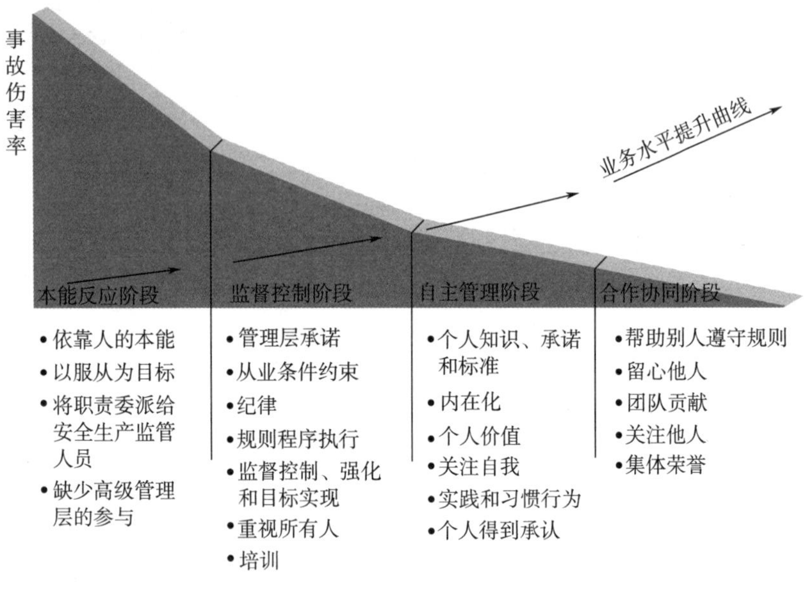

图 2－17　安全生产文化建设周期模型

或很少有安全生产的主动自我保护和参与意识；

3）将职责委派给安全生产监管人员——各级管理层认为安全生产是安全管理部门和安全生产监管人员的责任，他们仅仅是配合的角色；

4）缺少高级管理层的参与——决策层对安全生产的支持仅仅是口头或书面上的，没有或很少有在人力、物力、财力上的支持。

第二阶段，监督控制阶段

企业已建立起了必要的安全管理系统和规章制度，各级管理层对安全责任做出承诺，但职工的安全意识和行为往往是被动的，表现出的安全行为特征为：

1）管理层承诺——从决策层到生产主管的各级管理层对安全责任做出承诺并表现出无处不在的有效领导；

2）从业条件约束——保证安全作业是作业人员从业的条件，任何违反企业安全规章制度的行为都可能会导致职工被解除劳动合同；

3）纪律——职工遵守安全规章制度仅仅是害怕被解除劳动合同或受到纪律处罚；

4）规则程序执行——企业建立起了必要的安全规章制度，但职工的执行往往是被动的；

5）监督控制、强化和目标实现——各级生产主管监督和控制所在部门的安全，不断反复强调安全的重要性，制定具体的安全生产目标；

6）重视所有人——企业把安全生产视为一种价值，不仅企业是这样，所有人，包括职工、合同工和利益相关方等，更是这样；

7）培训——安全生产培训具有系统性、针对性；受训的对象应包括企业的高、中、低层管理者，一线生产主管，技术人员，基层职工，合同工和利益相关方等；培训的目的是培养各级管理层、基层职工、合同工和利益相关方具有安全管理的技巧和能力，以及良好的安全行为。

第三阶段，自主管理阶段

企业已具有良好的安全生产管理体系，安全生产获得各级管理层的承诺，各级管理层和全体职工具备良好的安全生产意识、能力以及安全生产技巧，表现出的安全行为特征为：

1）个人知识、承诺和标准——职工熟练掌握安全知识，职工本人对安全行为做出承诺，并按规章制度和标准进行生产；

2）内在化——安全意识已深入职工内心；

3）个人价值——把安全作为个人价值的一部分；

4）关注自我——安全不仅是为了自己，也是为了家庭和他人；

5）实践和习惯行为——安全无时不在，职工在工作、生活中，使其成为日常的行为习惯；

6）个人得到承认——把安全视为个人成就。

第四阶段，合作协同阶段

企业安全文化深入人心，安全已融入企业组织内部的每个角落。安全为生产，生产讲安全。表现出的安全行为特征为：

1）帮助别人遵守规则——职工不但自己自觉遵守，而且帮助别人遵守各项规章制度和标准；

2）留心他人——职工在工作中不但观察自己岗位，而且留心他人岗位上的不安全行为和条件；

3）团队贡献——职工将自己的安全知识和经验分享给其他同事；

4）关注他人——关注其他职工的异常变化，提醒其安全操作；

5）集体荣誉——职工将安全作为一项集体荣誉。

第3章　行为安全管理概述

行为安全管理（BBS）是一种以主体作业行为安全为目的的管理，它是对主体的行为进行观察与干预，固化安全行为、纠正不安全行为的一种有效手段[10-12]。

行为安全管理的特点如下：

1）通过反复正面强化安全行为来改变个人的不安全行为；

2）关注人的行为（安全行为与不安全行为）；

3）分析人为什么采取该行为（原因）；

4）采取纠正措施来改善人的行为。

BBS并非基于假设、个人感觉或常识，而是对观察到的人的行为的管理。

3.1　行为安全管理的目的

行为安全管理的目的是，通过对职工行为进行有针对性、非惩罚性的观察、沟通和干预，强化安全的行为，纠正不安全的行为，总结、分析全员不安全行为的变化趋势，主动采取有效措施，以预防事故发生。

根据海因里希的事故原因统计（图3-1），由人的不安全行为导致的事故占比88%，而物的不安全状态导致的事故占比10%，其他不可控因素导致的事故占比仅为2%。因此，要确保生产安全，就必须提高人的行为的安全性。而要提高人的行为的安全性，就要控制人的不安全行为。

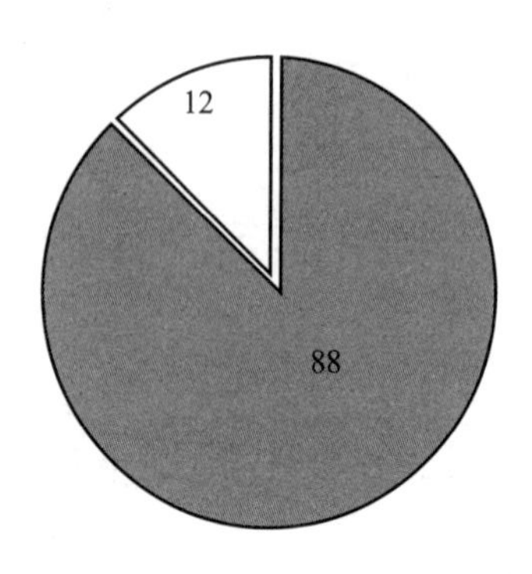

图 3-1 事故原因统计图

3.2 综合论事故模型

综合论事故模型（Accident model of comprehensive theory）认为，众多因素及诸多原因的综合作用导致事故发生，一般可用下列公式表达：

生产(作业)中的危险因素＋触发因素＝事故

综合论事故模型中，事故的发生绝不是偶然的，有其深刻而广泛的原因，包括直接原因、间接原因和基础原因。如图 3-2 所示，事故是社会因素、管理因素和生产中的危险因素被偶然事件触发所造成的结果。

事故的直接原因是指不安全行为和不安全状态。这些人、物质和环境的原因构成了生产中的危险因素，也称为事故隐患。

事故的间接原因是指管理缺陷等因素。造成事故间接原因的因素称为基础原因，包括经济、社会、文化、教育、习惯、法律等。

偶然事件的触发是指由于起因物和肇事人的作用，导致相应类型的事故和伤害的发生。

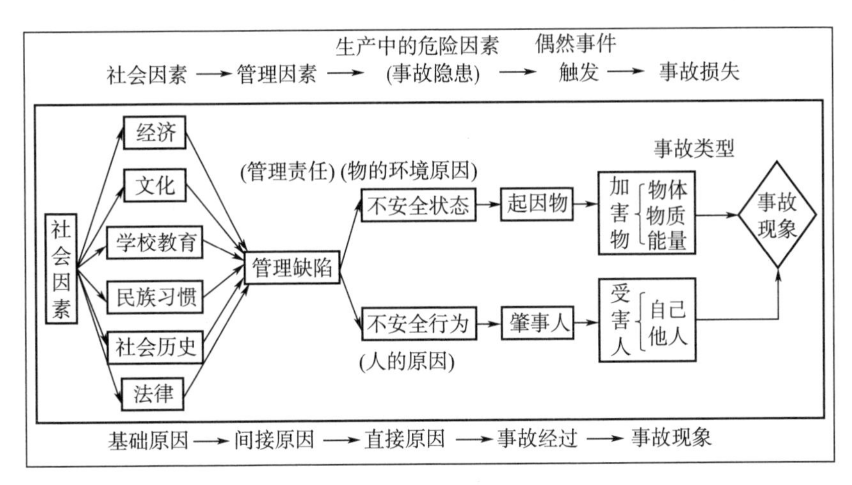

图 3-2　综合论事故模型

3.3　行为安全 ABC 模型

ABC 模型也叫作三维可能性模型，三维是：前因、行为和结果。该模型指的是每一个行为都受行为产生之前的环境、条件和行为发生的结果影响。

在 ABC 模型中，A（Antecedent）代表前因，前因是产生事故的根源，决定了所产生行为的结果。B（Behavior）表示行为，受多重原因的积累而逐渐产生，表现在作业现场的行为举止，可能是细微的动作情节，也可能是连贯的动作体系。C（Consequence）表示结果，不同的行为对事物发展的结果影响不同，由于结果存在着不确定性，安全的结果应给予激励并进行强化，不安全的结果应反馈到原因中去，以采取针对性的措施加以避免。

如图 3-3 所示，ABC 模型认为，行为之所以发生，是因为有一系列前因（在某行为发生之前的一个行为，而且与接连发生的行为有一定的因果关系）引发，且被紧随其后的、能够增加或者减小行为发生可能性的行为结果（个体的行为结果）强化。

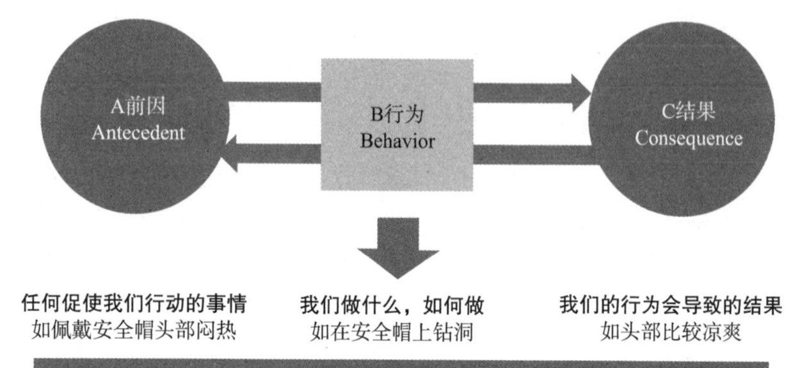

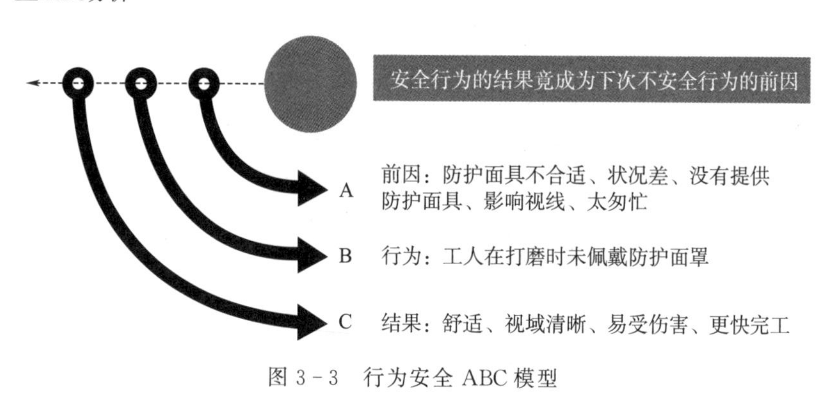

图 3-3　行为安全 ABC 模型

BBS 方法多以 ABC 行为模型为开发原则，但在实际运用过程中，各企业必须结合具体的实际情况设计和实施。

3.4　行为安全管理的流程

行为安全管理的流程是：依靠安全审核，监控现场实时出现的不安全行为，在观察和纠正的过程中实施安全控制，减少伤害和事故的发生（表 3-1）。

表3－1　行为安全管理

序号	项目	内容
1	安全审核	构建一个完善的安全观察与沟通系统进行安全审核，包括对组织、目标、职责、培训等执行效果的监督及评估
2	监控不安全行为	监控员工是否做了不该做的事或没有做该做的事；以上两种行为直接导致了伤害和事故的发生
3	观察和纠正	通过安全观察与沟通系统的有效运行，纠正不安全行为，以减少伤害和事故的发生，提高全体职工的安全意识，创建安全的工作场所

3.5　行为安全管理工具和方法

3.5.1　美国杜邦公司的STOP卡

STOP卡是美国杜邦公司（DuPont）在健康、安全与环境管理（简称“HSE管理”）中开发的基于观察的行为矫正方案。STOP分别代表安全（Safety）、培训（Training）、观察（Observation）、程序（Programme）。该工具已被世界上大部分的石油公司和钻井承包商采用。

STOP被称作安全训练观察计划，包括决定、停止、观察、行动和报告等五个环节，主要是通过训练职工主动观察并采取行动以及帮助职工改变错误行为来达到安全的目的，有利于培养职工观察能力及沟通技巧，采取积极正面步骤确保安全工作环境，推动安全绩效和职工沟通能力的进一步提升。鼓励和倡导作业现场全体人员使用STOP卡，运用STOP卡纠正不安全行为，肯定和加强安全行为，可以达到防止不安全行为的再次发生和强化安全行为的目的，从而有效提升各部门和相关人员的安全管控能力。

3.5.2　丰田汽车公司的ST0P6活动

丰田汽车公司采用ST0P6活动，对以往20年间发生的重大事故进行分析，查找高危险度的事故，采取有效应对策略和措施，举一反三，防患于未然。其中，ST0P 代表 Safety、TOYOTA、0（Zero）Accident、Project，即安全、丰田、零事故、计划，6 代表 A、B、C、D、E、F 的 6 类重大事故（图 3－4）。

A（Actuator）：被机械夹住、无法停止的作业等导致的事故。

B（Block）：重物的翻倒、滚下、落下等导致的事故。

C（Car）：与车辆，如叉车等接触碰撞导致的事故。

D（Drop）：从高处坠落、翻倒导致的事故。

E（Elect）：触电的事故。

F（Fire）：与高热物接触、火灾、爆炸等导致的事故。

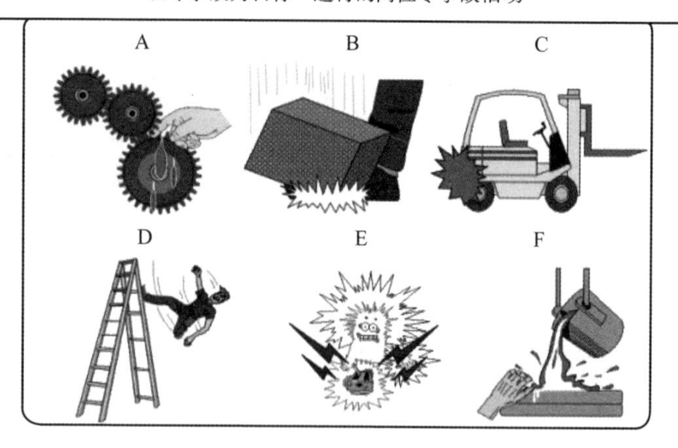

图 3－4　ST0P6 活动（见 P128 彩图）

3.5.3　高级安全审核 ASA

ASA（Advanced Safety Auditing）最早起源于英国的煤矿业，是为加强一线经理和管理者对职工的安全权利而设计的一种管理干预方法。它的三个关键要素是：精确的观察、双向有效的沟通、职工个体安全目标设置。ASA 培训要求审核员必须坚持安全与其他工作优先事项同等重要的原则：如果安全与其他工作优先事项相冲突，则安全必须始终胜出。实施时，通过观察工作中的员工并聚焦于他们的行为，审查员们会全身心地去感受那些对于安全至关重要的工作。经过一段时间的观察，审查员们会发起一个运用了开放式提问技术的对话。理想状态下，审核员认真聆听被审核者即员工的时长应占到对话总时长的 75%。这一交流的目的在于引导、鼓励员工去发现自己工作中存在的各种不安全行为和风险，并找到解决方案，进而使良好的工作表现与安全的工作习惯得到推广。ASA 流程的最后一个非常重要的元素是对被审核方将来的工作做出承诺，以确保安全工作并确认需要对审核员采取的任何必要措施。

3.5.4　安全暂停 TOFS

TOFS（Time Out for Safety）是由 BP 钻井平台开发的针对一线职工的行为设计，鼓励一线职工在有任何安全顾虑时都可以停止进行工作。旨在赋予职工对自己和他人的安全有更多的自主权。这一行为设计的原因是，在钻探环境中工作团队需要紧密配合，但团队成员分散、沟通困难。对于工作环境过于嘈杂、干扰大、难以听清同事声音的情况同样适用。这种方法比较简单，TOFS 并未定义不安全条件或要遵守的行为的类型。它确实列出了适合调用 TOFS 的一系列情况。适当的情况包括：计划发生变更、计划外事件、理解不充分、对安全有影响的观察、需要传递对工作至关重要的信息、出现先前无法识别的风险或危险等。当遇到这些情况时，职工不需要填写表格，只需要通过做一个“T”的手势，即可暂停平台上的任何操作程序，并且职工的这种行为不会受到管理者的责怪。

3.6　传统安全管理与行为安全管理的比较

行为安全管理是安全管理理论的一个组成部分。从安全管理职能来看，其管理内容分为四个方面，即人的不安全行为、物的不安全状态、环境因素、管理因素。其中，人是最主要的影响因素。传统的安全管理，对于人的行为安全研究存在许多不足。行为安全管理，专注人的行为动向，分析出现不安全行为的主/客观原因，深入研究人的不安全行为出现的根源，从而提出针对性控制措施。后者采取全员参与的方式，从根本上控制人的不安全行为。如表 3－2 所示，对比传统安全管理，行为安全管理具有巨大优势。

表 3－2　传统安全管理与行为安全管理的比较

序号	传统安全管理特点	行为安全管理特点
1	侧重于识别不安全的条件	侧重于识别冒险行为
2	被动管理	积极管理
3	指令性管理过多	全员主动参与
4	强制性安全规定	协商确认的安全标准
5	通过事故数量来测量绩效	通过安全行为来测量绩效
6	分析事故根本原因	分析冒险行为原因
7	由安全管理人员推动	由观察员(职工)推动
8	侧重于良好的安全表现	侧重于卓越的安全表现

第 4 章　航天科工不安全行为管理

4.1　航天科工不安全行为统计分析

本章基于航天科工《安全生产标准化考核评分细则》（Q/QJB 147B—2014）考核准则、岗位作业指导书、岗位安全操作规程、岗位安全生产责任清单、可视化安全操作规范、航天科工安全生产问题等数据和信息进行统计分析，从中找出风险较大的不安全行为。

分析过程中，以《安全生产标准化考核评分细则》多轮考核扣分项汇总资料为基础，汇总分析万余个问题，经过系统梳理、归类总结分析得出表 4 - 1 中的信息和结果，主要涉及思想、文化、意识、法规、管理、项目、设备、设施、作业场所等方面。

表 4 - 1　航天科工不安全行为分析

不安全行为类别	不安全行为表征
思想不重视	未按要求健全安全生产治理体系、部署安全生产工作、落实安全生产长效机制
	未按要求进行安全生产检查、隐患整改、问题归零
	未按要求进行风险辨识、分析、评估、应对和监控
	未按操作规程执行操作
文化不化	安全文化认同与信奉度不高
	安全文化一贯性与趋同性不好
	安全文化引领性不强
	安全文化落地不力

续表

不安全行为类别	不安全行为表征
意识不足	未意识到作业环境风险
	未使用符合安全要求的工装
	未按要求正确有效佩戴个人防护用品
	使用不符合安全要求的材料、零部件
不符合法规	未制定安全生产规章制度
	未参加安全生产教育培训或教育培训不合格
	未建立健全安全生产责任制
	未组织制定安全生产工作标准、规范、操作规程等,或不完善
岗位安全生产资格资质不具备	岗位安全生产应知应会应备不合格,没掌握岗位安全生产必备的法律、法规、规章制度、标准、规范、知识、技术、工具、技能、才能等
型号/项目/产品安全性工作要求落实不充分	安全性管理不系统
	安全性设计与分析不充分
	安全性验证与评价不到位
	装备使用安全关注度不够
	软件安全性不充分
管理漏洞	安全检查管理监督不到位
	未严格执行危险化学品“六定”要求
	关键设备/设施管理不到位
	不严格执行危险作业管理要求
	未严格执行相关方安全管理要求
作业场所/设备/设施安全不符合要求	安全性要求不清晰、不细化
	作业场所/设备/设施安全部件设置不规范
	安全状态纪实不完整
	未设置安全防护设施
	超载、过载运行

4.2　航天科工不安全行为的主观原因

通过分析航天科工人的不安全行为的潜在原因可以发现，造成企业从业人员出现不安全行为的主观原因有以下方面：

1）麻木心理。个别职工因长期、反复从事同一作业，工作热情减退，积极性不高，工作应付了事，处于被动状态。如，发现安全工具、器具有问题也不及时更换或修理，工装、设备缺乏可靠性、安全性；发现他人违章也不制止，认为就算发生不幸也降不到自己头上，久而久之就可能发生事故。

2）从众心理。一些职工安全知识不全面、安全意识不强，看到其他职工违章操作“既省力，又没出事”，还没被追究和处理，遂削弱了正确的安全思想，把违章当成经验盲目地学习、运用。渐渐地，错误的操作方法代替了正确的方法，形成了习惯性违章。

3）无知心理。一些新职工，平时不注意加强学习，对每项工作程序应该遵守的规章制度不了解或一知半解，工作起来凭本能、热情，作业中糊里糊涂违章，糊里糊涂出事，根本不知道错在哪里。

4）马虎心理。有些职工认为自己熟悉工作环境和作业程序，只要把握主要的操作规程即可，作业时粗枝大叶、不拘小节，他们往往对“看得见”的危险比较警醒，对暂时没有发生危险恶果的潜伏危险掉以轻心。

5）唯心心理。极少数职工受消极思想影响，抱着“是福不是祸，是祸躲不过”的错误心理，靠惯性作业，凭经验操作，不注意安全而随意工作，往往造成事故。

6）侥幸心理。有些职工自认为控制力强，对作业环境和条件变化能够掌握，偶尔几次违章都没有出过事，就把潜在的危险抛之脑后。一旦环境、设备、人员发生变化，就很可能引发事故。这类情形在工作时间不长的青年职工中较为多见。

7）取巧心理。有的职工为了抢时间赶工作进度，图省时、省劲，投机取巧，简化操作过程，置安全措施于不顾。

8）逞能心理。一些职工熟悉岗位技能、有工作经验，理论上有一套，操作知识也都知道，产生骄傲自满思想，认为有关作业规定和程序对自己来说都是不必要的，“小菜一碟”。别人不敢违章，自己“技高胆大”，违章操作才显“英雄本色”，结果造成事故。

9）蛮干心理。有些职工有一定的技术能力，但工作方法简单粗暴，认为遵章守制是刻板的，所以随意“创新”工作方法，不充分估计行为的恶果。这种违章一旦引发事故，就有可能是大事故。

10）麻痹心理。在企业安全生产形势较为稳定的情况下，有些职工的安全思想和警惕性就会不自觉地松懈下来，在操作中很容易产生轻视心理，不严格按规程办事，时间一长就养成了习惯性违章。

4.3 航天科工不安全行为的深层次原因

分析航天科工目前的安全管理状况，不安全行为的深层次原因主要是安全生产履职尽责不充分、岗位安全生产资格资质不符合要求、岗位作业规程标准执行不正确等方面，具体如下：

1）作业规范性不足。对于具有一定风险的常规性作业，要编制完备的操作规程，明确作业顺序，规范作业步骤，提醒作业风险。但是因为诸多因素，企业中不是所有的作业都编制了完备的作业程序，或者作业程序执行不充分，尤其是新工艺、新技术、新材料、新设备的应用上，一些作业行为存在漏洞。作业规范性不足，将导致职工缺乏有效的指导，或者没有严格按照标准的作业程序指导进行工作，从而诱发不安全行为，最终增大了事故发生的可能性。

2）岗位培训不充分。包括培训计划制定不合理，或者没有严格执行培训计划，培训内容、培训手段不充分、不适宜，培训效果无法得到根本性提高。主要表现为关键岗位持证上岗要求的执行存在漏洞、员工履职能力评估不到位，从而导致员工出现安全行为方面的偏差。另外，企业虽然开展了许多与安全相关的思想教育、理论培训、技术培训，但由于培训过于程式化，效果不理想。职工只是被动接受，往往认识问题不全面、不充分、不理性，反映在工作中摆不正安全与效益的关系，常会产生“安全就是不出事故”的单纯认识，不能真正认识到习惯性违章的危害和避免习惯性违章的重要性。

3）安全环境标识不到位。主要表现在关键的安全生产部位、生产设备设施、安全生产区域的安全标志、警示、安全通道等布置不到位，相关环境缺乏必要的风险告知，人员因不了解、不掌握相应的风险，将误入危险环境，接触危险源，从而引发事故发生。

4）管理制度执行不严格。主要表现在工作任务布置不合理，没有充分考虑作业现场的实际状况；领导不能以身作则，违章违纪，错误引导职工行为；个别班组不严格执行安全生产规章制度和操作规程，对暂时还没有造成恶果的习惯性不安全行为姑息迁就，放松了对职工安全行为的严格要求和教育督导，最终导致事故发生。

5）责任落实不到位。主要表现在岗位安全责任不细化，签订的职责内容含糊；对管辖范围内的安全生产工作未有效落实职责和管理内涵；关键安全工作不重视，仍以“生产第一，安全配合”的思想主导安全生产工作。

6）设备设施工装不符合安全要求。设计建造阶段没有按照标准要求进行建造，运行过程中没有按照管理要求进行维护保养，造成生产设备设施工装存在安全隐患。这些现场的不安全状态是由建造和维护的人员的不安全行为引发的。任何设备设施工具的安全状态，其实都是可以控制的。管控好各个阶段的人的不安全行为，就可以从根源上控制隐患。

4.4 不安全行为控制与管理措施分析

（1）分析人员结构和素质

通过分析，找出易发生事故的人员层次和个人以及最常见的不安全行为。如履职能力检查，包括安全生产责任是否履职到位，安全生产管理制度是否执行到位，安全生产机制建设是否有效落实，安全生产资格资质是否符合要求，安全生产教育培训是否合格。

（2）人员选配

在对人的履职能力以及身体、生理、心理进行检查测试的基础上，合理选拔调配人员。将合适的人放置在合适的岗位，会产生正向的效果。从决策层领导，到中层管理者，再到一线的作业人员，每一个岗位应当具备的意识、知识、技能，包括安全的能力，决定了他能否在该岗位上发挥应有的作用。

（3）强化教育培训，提高应对能力

加强对人的教育、训练和管理，提高生理、心理素质，增强安全意识，提高安全操作技能，包括以下方面：

1）安全教育。通过线上、线下知识宣传的多种手段，提高受训者安全理论和知识的掌握程度；通过安全知识的教育，以及持续的安全意识灌输、影响和管控，提高受训者的安全意识，保证其安全生产的主观能动性，从而保证安全；通过现场传帮带、模拟实操和虚拟训练等手段，使受训者准确掌握本职岗位的安全生产技能，提高职工的安全生产能力。

2）竞赛评比奖惩规则。通过有效的竞赛活动，使职工的安全生产理论、知识和技能等得到提升，对其必要的知识和技能不断强化和巩固。

3）制定并落实安全生产规章制度。无规矩不成方圆，只有制定合理的安全生产规章制度，并使全员有效贯彻执行，才能保证企业安全生产有质、有序、有力。

4）落实班前会制度。通过班前会的精准培训，使班组成员再次学习和掌握本次作业中的风险、防控措施和应急处置预案，从而保障安全。

5）作业中的巡视检查。巡视检查是安全运行的保障，通过定期和不定期的巡视检查，现场的异常、人员的不安全行为可以得到控制，并对现场人员的不安全行为起到监督管控的作用。安全是相对的，风险是绝对的。持续的巡视检查可以控制不同级别的隐患，有效降低风险。

6）作业标准和异常处置程序。培训职工掌握本职岗位的作业标准、异常处置程序，从而使职工具备该岗位的作业和应急能力。

（4）本质安全性设计

本质安全性设计是指通过设计、优化设计等手段使生产系统、生产设备本身具备安全性，即使在误操作或发生故障的情况下也不会造成事故。具体包括失误—安全（误操作不会导致事故发生或自动阻止误操作）、故障—安全（设备、工艺发生故障时还能暂时正常工作或自动转变为安全状态）功能。强化本质安全设计、分析、验证和评价，杜绝不安全行为，规避不安全因素诱发事故。

（5）设备设施符合要求

通过标准的设计建造和完善的运行维护保养，使设备设施达到安全状态，从而避免能量意外释放而引发事故。

第 5 章　岗位不安全行为示例

根据组织定位、职责范围、科研生产经营等数据、信息，识别组织关键岗位，确定不安全行为，提示可能导致的事故/事件，给出正确行为，提出针对性的安全控制措施。本书遵循组织岗位设置一般理论和范式，把组织岗位设置分为管理岗位、技术岗位、技能岗位三类，以下给出了组织中关键岗位典型不安全行为。

5.1　管理人员典型不安全行为

本节所指管理人员包括主要负责人、分管安全生产负责人、分管业务负责人、安全生产总监、型号/项目总指挥/行政负责人、车间（研究室）主任、部门负责人、班组长、安全生产管理人员、一般管理人员、计划调度人员等。

其中，主要负责人典型不安全行为见表 5－1，分管安全生产负责人典型不安全行为见表 5－2，分管业务负责人典型不安全行为见表 5－3，安全生产总监典型不安全行为见表 5－4，型号/项目总指挥/行政负责人典型不安全行为见表 5－5，车间（研究室）主任典型不安全行为见表 5－6，部门负责人典型不安全行为见表 5－7，班组长典型不安全行为见表 5－8，安全生产管理人员典型不安全行为见表 5－9，一般管理人员典型不安全行为见表 5－10，计划调度人员典型不安全行为见表 5－11。

5.1.1　主要负责人典型不安全行为

表 5-1　主要负责人典型不安全行为

序号	不安全行为描述	可能导致的事故/事件	正确行为
1	岗位安全生产资格资质不符合要求	不具备岗位安全生产资格资质,引发事故发生	根据要求,取得符合本岗位要求的安全生产资格资质
2	未接受安全生产教育培训或安全生产教育培训不合格	因缺乏必要的安全生产教育培训,不具备岗位安全生产资格资质,引发事故发生	接受安全生产教育培训,并合格达标
3	未全面落实岗位安全生产职责和分管业务安全生产工作	岗位安全生产职责履行不力,分管业务安全生产管理缺失,隐患、危险多现,导致事故事件发生	按要求,充分履职尽责,全面落实分管业务安全生产工作
4	未建立健全安全生产责任制	本单位各岗位安全生产责任不清,未尽岗位职责,导致隐患出现或无法及时根治,引发事故发生	明确责任人员、责任范围、考核标准;健全本单位安全生产责任管理制度,使安全生产责任制符合法律法规和上级有关要求,覆盖全员、全方位和全过程;组织制定各级安全生产责任制
5	未组织制定安全生产管理规章制度和操作规程,或不完善	安全管理规章制度不完善导致现场不具备必要的安全管理条件和方法,造成无法排除隐患而发生事故	建立健全安全生产管理规章制度和操作规程
6	未严格按照相关文件要求提供安全生产人力、财力、物力等资源保障,未提取安全生产费用,或安全生产费用列支不符合要求	无法对安全生产工作提供必要的资源支持,导致隐患无法及时有效排除,造成事故	严格按照要求提供人力、财力、物力资源保障,按规定提取和列支安全生产费用

续表

序号	不安全行为描述	可能导致的事故/事件	正确行为
7	未按要求进行安全检查,或检查无记录	因安全检查不符合要求,导致现场隐患无法及时有效排除,造成事故	按要求进行安全检查,并及时整改和记录
8	未组织制订和实施本单位的生产安全事故应急救援预案	应急管理体系不健全,人员不具备必要的应急能力,导致发生事故后无法正确应对,造成事故损失加重	组织制订应急预案并实施;发生事故立即组织抢救,不得擅离值守。组织、配合事故调查处理工作
9	未及时、如实报告生产安全事故	造成事故因缺乏必要的外部应急资源,导致扩大化,或因信息不能及时准确发布,引发严重的后果,包括家属、社会恐慌等	发生安全生产事故,接到报告后1小时内向上级如实报告事故情况,不得谎报、瞒报

5.1.2　分管安全生产负责人典型不安全行为

表5-2　分管安全生产负责人典型不安全行为

序号	不安全行为描述	可能导致的事故/事件	正确行为
1	岗位安全生产资格资质不符合要求,未能准确掌握并具备本岗位应有的安全生产法规、知识、技术、方法、工具、技能、才能	安全生产工作能力不足、水平不够,安全生产工作不到位,安全生产出现隐患,发生事故	按照要求,取得符合本岗位要求的安全生产资格资质,准确掌握并具备本岗位应有的安全生产法规、知识、技术、方法、工具、技能、才能
2	未接受安全生产教育培训或安全生产教育培训不合格	因缺乏安全生产教育培训,不具备岗位安全生产资格资质,引发事故发生	接受安全生产教育培训,并合格达标
3	未全面落实岗位安全生产职责和分管业务安全生产工作	岗位安全生产职责履行不力,分管业务安全生产管理缺失,隐患、危险多现,导致事故发生	按要求,充分履职尽责,全面落实分管业务安全生产工作

续表

序号	不安全行为描述	可能导致的事故/事件	正确行为
4	未遵守党中央、国家、集团公司、本单位各项规章制度和要求	违反党中央、国家、集团公司、本单位各项规章制度和要求，造成安全生产管理失控，现场出现安全生产隐患，发生事故	自觉遵守党中央、国家、集团公司、本单位各项规章制度和要求，坚守安全生产“红线”、“底线”，不碰“高压线”
5	未报告应当报告的安全生产事项	导致信息传达发生迟滞，引发严重事态，导致发生事故，或事故事态扩大	按要求报告安全生产事项
6	未组织建立健全安全生产责任体系并督促履行	本单位各岗位安全生产责任不清，未尽岗位职责，导致隐患出现或无法及时根治，引发事故发生	明确责任人员、责任范围、考核标准；健全本单位安全生产责任管理制度，使安全生产责任制符合法律法规和上级有关要求，覆盖全员、全方位和全过程；组织制定各级安全生产责任制并督促履行
7	未建立、实施、管控安全生产管理体系	安全生产管理体系不完备，导致现场不具备必要的安全管理条件和方法，无法排除隐患而发生事故	建立健全、管控安全生产管理体系
8	未制订、实施安全生产工作规划和计划	造成单位安全生产工作无序、混乱，引发安全生产事故	制订安全生产工作规划、计划并实施
9	未组织安全生产文化建设和教育培训	造成单位安全生产文化缺失，教育培训不到位，存在安全生产隐患，引发安全生产事故	组织安全生产文化建设和教育培训
10	未组织安全生产标准化建设达标工作	造成安全生产不达标，现场存在安全生产隐患，引发安全生产事故	组织安全生产标准化建设达标

续表

序号	不安全行为描述	可能导致的事故/事件	正确行为
11	未掌握单位安全生产信息	单位主要安全风险缺乏控制，或发生突发情况，未起到关键管理作用，导致事态扩大，引发严重后果	掌握单位安全生产状况；掌控重大危险源和危险点等危险场所运行安全状况；知悉单位安全生产危险、风险和隐患；熟悉单位重大危险源和危险点安全状态要求并督促落实；掌握本单位安全性工作要求落实状况；知晓单位安全生产存在的问题、差距；及时报告安全生产重大事项
12	未及时检查本单位安全生产状况、进行应急救援演练、排查生产安全隐患、落实安全生产整改措施	安全生产状况不清、应急救援演练不充分、事故隐患多发、措施不落实，引发安全生产事故	及时检查本单位安全生产状况、进行应急救援演练、排查生产安全隐患、落实安全生产整改措施，提出安全生产改进建议
13	未及时制止和纠正现场三违行为	违规行为未能及时制止和纠正，人员缺乏应急能力，现场出现三违行为，发生安全生产事故	及时制止并纠正违章指挥、违章操作、违反劳动纪律等行为
14	未总结推广安全生产先进成果	资源不共享、能力不协同，导致事故事件易发	及时总结推广安全生产先进成果
15	未组织安全生产事故事件调查、分析	造成发生事故事件无纠正、预防措施，可能再次发生	组织、参与生产安全事故调查、分析，举一反三，问题归零

5.1.3　分管业务负责人典型不安全行为

表5-3　分管业务负责人典型不安全行为

序号	不安全行为描述	可能导致的事故/事件	正确行为
1	岗位安全生产资格资质不符合要求	不具备岗位安全生产资格资质，分管业务安全生产不到位，导致事故事件发生	根据要求，取得符合本岗位要求的安全生产资格资质
2	未接受安全生产教育培训或安全生产教育培训不合格	因缺乏安全生产教育培训，不具备岗位安全生产资格资质，引发事故发生	接受安全生产教育培训，并合格达标
3	未全面落实岗位安全生产职责和分管业务安全生产工作	岗位安全生产职责履行不力，分管业务安全生产管理缺失，隐患、危险多现，导致事故事件发生	按要求，充分履职尽责，全面落实分管业务安全生产工作
4	未落实分管业务的安全生产"五同时"的要求，即未在计划、布置、检查、总结、评比生产的同时，计划、布置、检查、总结、评比安全	分管业务中，未同时计划、布置、检查、总结、评比安全生产工作，造成因管理失控，导致事故事件发生	落实分管业务的安全生产"五同时"
5	未组织分管业务隐患排查治理、整改措施落实和风险防范工作	分管业务出现隐患、危险，导致事故事件发生	组织分管业务安全生产隐患排查治理、整改措施落实和风险防范工作

5.1.4　安全生产总监典型不安全行为

表5-4　安全生产总监典型不安全行为

序号	不安全行为描述	可能导致的事故/事件	正确行为
1	岗位安全生产资格资质不符合要求，未能准确掌握并具备本岗位应有的安全生产法规、知识、技术、方法、工具、技能、才能	安全生产工作能力不足、水平不够，安全生产工作不到位，安全生产出现隐患，发生事故	按照要求，取得符合本岗位要求的安全生产资格资质，准确掌握并具备本岗位应有的安全生产法规、知识、技术、方法、工具、技能、才能

续表

序号	不安全行为描述	可能导致的事故/事件	正确行为
2	未接受安全生产教育培训或安全生产教育培训不合格	因缺乏安全生产教育培训，不具备岗位安全生产资格资质，引发事故发生	接受安全生产教育培训，并合格达标
3	未全面落实岗位安全生产职责和分管业务安全生产工作	岗位安全生产职责履行不力，分管业务安全生产管理缺失，隐患、危险多现，导致事故事件发生	按要求，充分履职尽责，全面落实分管业务安全生产工作
4	未遵守党中央、国家、集团公司、本单位各项规章制度和要求	违反党中央、国家、集团公司、本单位各项规章制度和要求，造成安全生产管理失控，现场出现安全生产隐患，发生事故	自觉遵守党中央、国家、集团公司、本单位各项规章制度和要求，坚守安全生产“红线”、“底线”，不碰“高压线”
5	未报告应当报告的安全生产事项	导致信息传达发生迟滞，引发严重事态，导致发生事故，或事故事态扩大	按要求报告安全生产事项
6	未督促履行安全生产责任	本单位各岗位安全生产责任不清，未尽岗位职责，导致隐患出现或无法及时根治，引发事故发生	明确责任人员、责任范围、考核标准；健全本单位安全生产责任管理制度，使安全生产责任制符合法律法规和上级有关要求，覆盖全员、全方位和全过程；组织制定各级安全生产责任制并督促履行
7	未组织建立、监督安全生产管理体系	安全生产管理体系不完备，导致现场不具备必要的安全管理条件和方法，造成无法排除隐患而发生事故	建立健全、监督安全生产管理体系
8	未组织制订、实施安全生产工作规划和计划	造成单位安全生产工作无序、混乱，引发安全生产事故	组织制订安全生产工作规划、计划并实施监督

续表

序号	不安全行为描述	可能导致的事故/事件	正确行为
9	未组织安全生产文化建设和教育培训	单位安全生产文化缺失，教育培训不到位，存在安全生产隐患，引发安全生产事故	组织安全生产文化建设和教育培训
10	未组织安全生产标准化建设达标工作	安全生产无法达标，现场存在安全生产隐患，引发安全生产事故	组织安全生产标准化建设达标
11	未掌握单位安全生产信息	单位主要安全风险缺乏控制，或发生突发情况，未起到关键管理作用，导致事态扩大，引发严重后果	掌握单位安全生产状况；掌控重大危险源和危险点等危险场所运行安全状况；知悉单位安全生产危险、风险和隐患；熟悉单位重大危险源和危险点安全状态要求并督促落实；掌握本单位安全性工作要求落实状况；知晓单位安全生产存在的问题、差距；及时报告安全生产重大事项
12	未及时检查本单位安全生产状况、进行应急救援演练、排查生产安全隐患、落实安全生产整改措施	安全生产状况不清、应急救援演练不充分、事故隐患多发、措施不落实，引发安全生产事故	及时检查本单位安全生产状况、进行应急救援演练、排查生产安全隐患、落实安全生产整改措施，提出安全生产改进建议
13	未及时制止和纠正现场三违行为	违规行为未能及时制止和纠正，人员缺乏应急能力，现场出现三违行为，发生安全生产事故	及时制止并纠正违章指挥、违章操作、违反劳动纪律等行为
14	未指导安全生产专业建设和队伍建设	业务水平不足，队伍能力不足，造成安全生产问题多发，导致安全生产目标实现不力	强化安全生产专业建设和队伍建设
15	未总结推广安全生产先进成果	资源不共享、能力不协同，导致事故事件易发	及时总结推广安全生产先进成果

续表

序号	不安全行为描述	可能导致的事故/事件	正确行为
16	未组织生产事故调查、分析	造成事故事件无纠正、预防措施，可能再次发生	组织、参与生产安全事故调查、分析，举一反三，问题归零

5.1.5 型号/项目总指挥/行政负责人典型不安全行为

表 5-5 型号/项目总指挥/行政负责人典型不安全行为

序号	不安全行为描述	可能导致的事故/事件	正确行为
1	岗位安全生产资格资质不符合要求	不具备岗位安全生产资格资质，引发事故发生	根据要求，取得符合本岗位要求的安全生产资格资质
2	未接受安全生产教育培训或安全生产教育培训不合格	因缺乏必要的安全生产教育培训，不具备岗位安全生产资格资质，引发事故发生	接受安全生产教育培训，并合格达标
3	未全面落实岗位安全生产职责和分管业务安全生产工作	岗位安全生产职责履行不力，分管业务安全生产管理缺失，隐患、危险多现，导致事故事件发生	按要求，充分履职尽责，全面落实分管业务安全生产工作
4	未组织、策划、落实型号任务各阶段的安全管理工作	导致负责的型号任务各阶段安全管理缺失，造成现场出现隐患，引发事故	组织或协助落实型号任务各阶段的安全管理工作
5	未督促完善安全生产条件、落实安全保障措施	导致所负责型号任务现场安全生产条件不足或安全保障缺失，引发事故	督促完善安全生产条件，督导落实安全保障措施
6	未按规定实施型号安全性管理、安全性设计与分析、安全性验证与评价、装备使用安全、软件安全性等安全性工作项目	导致型号出现危险	严格按安全性工作项目要求实施工作

续表

序号	不安全行为描述	可能导致的事故/事件	正确行为
7	未决策影响型号任务安全生产的重大事项	导致重要安全事项未能得到专业指导，诱发后续隐患，造成事故	决策影响型号任务安全生产的重大事项
8	未检查型号任务开展过程的安全生产状况	导致型号任务开展过程中出现隐患，导致事故发生	检查型号任务开展过程的安全生产状况
9	未督促落实型号试验安全管理工作	导致型号试验中出现隐患，引发事故发生	督促落实型号试验安全管理工作
10	在未满足安全生产条件下强令执行型号任务	违章指挥，造成生产安全存在隐患，导致事故发生	在满足安全生产条件下指挥执行型号任务

5.1.6　车间（研究室）主任典型不安全行为

表 5-6　车间（研究室）主任典型不安全行为

序号	不安全行为描述	可能导致的事故/事件	正确行为
1	岗位安全生产资格资质不符合要求	不具备岗位安全生产资格资质，引发事故发生	根据要求，取得符合本岗位要求的安全生产资格资质
2	未接受安全生产教育培训或安全生产教育培训不合格	因缺乏必要的安全生产教育培训，不具备岗位安全生产资格资质，引发事故发生	接受安全生产教育培训，并合格达标
3	未全面落实岗位安全生产职责和分管业务安全生产工作	岗位安全生产职责履行不力，分管业务安全生产管理缺失，隐患、危险多现，导致事故事件发生	按要求，充分履职尽责，全面落实分管业务安全生产工作
4	未组织定期开展安全生产形势分析	未能及时辨识风险，导致风险失控，发生事故	组织定期开展安全生产形势分析，并采取风险控制措施

续表

序号	不安全行为描述	可能导致的事故/事件	正确行为
5	未开展“五同时”工作	主管业务中，安全生产计划、安全生产要求、安全检查项目、安全评比条款、安全生产总结缺失，造成因管理失效，导致事故	按要求开展“五同时”工作
6	未组织建立部门级安全生产规章制度体系，或未及时组织获取、更新	部门安全生产规章制度等失效，安全管理存在漏洞，生产存在隐患，导致风险失控，诱发事故	组织建立部门级安全生产规章制度体系，并及时组织获取、更新
7	危险源辨识不全面，或制订安全对策措施无针对性	风险控制措施不到位，危险未有效识别，导致面临风险出现事故	对危险源全方位辨识，制订针对性安全对策措施
8	未建立健全安全操作规程	无安全操作规程，或安全操作规程不具有可操作性，导致作业人员出现不安全行为引发事故	建立健全安全操作规程
9	未按标准规范开展危险作业安全管理和审批	危险作业不规范导致关键风险失控，引发事故	严格按标准规范开展危险作业安全管理和审批
10	未按要求组织编制现场处置方案或操作性不强，且未按要求定期进行演练	车间/部门不具备应急能力或不充分，发生事故造成损失加重	组织编制具有针对性的现场处置方案，按要求定期进行演练
11	岗位发放个人防护用品不到位，未监督职工正确使用个人防护用品	未对岗位配置齐全的个人防护用品，或职工错误使用个人防护用品，造成事故发生	对岗位个人防护用品发放到位，监督职工正确使用个人防护用品
12	未定期进行安全检查或对发现问题未进行整改	导致现场隐患无法及时有效排除，造成事故	定期进行安全检查并对发现问题及时进行整改
13	指挥车间员工在不具备安全条件的情况下冒险作业	违章指挥，造成生产安全存在隐患，导致事故发生	指挥车间员工在具备安全条件的情况下安全作业

5.1.7　部门负责人典型不安全行为

表5-7　部门负责人典型不安全行为

序号	不安全行为描述	可能导致的事故/事件	正确行为
1	岗位安全生产资格资质不符合要求	不具备岗位安全生产资格资质,引发事故发生	根据要求,取得符合本岗位要求的安全生产资格资质
2	未接受安全生产教育培训或安全生产教育培训不合格	因缺乏必要的安全生产教育培训,不具备岗位安全生产资格资质,引发事故发生	接受安全生产教育培训,并合格达标
3	未全面落实岗位安全生产职责和分管业务安全生产工作	岗位安全生产职责履行不力,分管业务安全生产管理缺失,隐患、危险多现,导致事故事件发生	按要求,充分履职尽责,全面落实分管业务安全生产工作
4	未开展安全生产形势分析	安全管理运行监控缺失,安全管理存在漏洞,生产存在隐患,导致风险失控,诱发事故	定期开展安全生产形势分析
5	未组织建立部门级规章制度体系	部门关键安全管理制度缺失,造成隐患出现,发生事故	组织建立健全部门级规章制度体系
6	未结合业务范围,组织开展经常性安全生产检查和隐患排查,隐患排查未整改	现场存在安全生产隐患,导致事故发生	结合业务范围,组织开展安全生产检查和隐患排查,并及时整改
7	未向职工如实告知作业场所和工作岗位的危险因素、防范措施以及事故应急措施	导致职工不知道本岗位危险因素、防范措施和事故应急措施,发生事故	如实向职工告知作业场所和工作岗位的危险因素、防范措施以及事故应急措施
8	未向职工提供个人防护用品	职工缺乏必要的个人防护用品,导致伤害事故发生	为职工提供符合国家标准或者行业标准的个人防护用品,并及时更新或补充

续表

序号	不安全行为描述	可能导致的事故/事件	正确行为
9	未对相关方作业活动进行安全监督检查	相关方管控失效,导致事故发生	对相关方作业活动进行安全监督检查

5.1.8 班组长典型不安全行为

表 5－8 班组长典型不安全行为

序号	不安全行为描述	可能导致的事故/事件	正确行为
1	本岗位安全生产资格资质不符合要求	不具备岗位安全生产资格资质,引发事故发生	根据要求,取得符合本岗位要求的安全生产资格资质
2	未接受安全生产教育培训或安全生产教育培训不合格	因人员缺乏必要的安全生产教育培训,不具备岗位安全生产资格资质,引发事故发生	接受安全生产教育培训,并合格达标
3	未全面落实岗位安全生产职责和分管业务安全生产工作	岗位安全生产职责履行不力,分管业务安全生产管理缺失,隐患、危险多现,导致事故事件发生	按要求,充分履职尽责,全面落实分管业务安全生产工作
4	未组织开展危险源辨识,未向班组职工如实告知作业场所和工作岗位的危险因素、防范措施	危险源辨识不充分,控制措施存在缺失,或班组职工不了解,造成现场出现隐患,导致事故发生	定期组织开展危险源辨识,向班组职工如实告知作业场所和工作岗位的危险因素、防范措施
5	未组织及时更新及贯彻执行岗位或设备安全操作规程	导致现场岗位或设备安全操作规程缺失,造成作业中出现不安全行为,引发事故	组织及时更新及贯彻执行岗位或设备安全操作规程
6	未组织应急培训、演练	导致员工不具备应急能力,发生事故无法正确应急反应	定期组织应急培训、演练
7	未组织开展安全生产检查和隐患整改	现场出现隐患,或隐患失控,导致事故发生	组织开展安全生产检查和隐患整改

续表

序号	不安全行为描述	可能导致的事故/事件	正确行为
8	未组织对应急设备设施、应急物资等进行检查、维护	造成现场应急物资故障、失效或缺失，发生事故后应急能力降低，导致事故后果加重	组织对应急设备设施、应急物资等进行检查、维护
9	指挥员工违反操作、检修规程进行操作	违章指挥，造成生产安全存在隐患，导致事故发生	严格按照操作、检修规程，指挥员工进行操作

5.1.9　安全生产管理人员典型不安全行为

表5-9　安全生产管理人员典型不安全行为

序号	不安全行为描述	可能导致的事故/事件	正确行为
1	本岗位安全生产资格资质不符合要求	不具备岗位安全生产资格资质，引发事故发生	根据要求，取得符合本岗位要求的安全生产资格资质
2	未接受安全生产教育培训或安全生产教育培训不合格	因人员缺乏必要的安全生产教育培训，不具备岗位安全生产资格资质，引发事故发生	接受安全生产教育培训，并合格达标
3	未全面落实岗位安全生产职责和分管业务安全生产工作	岗位安全生产职责履行不力，分管业务安全生产管理缺失，隐患、危险多现，导致事故事件发生	按要求，充分履职尽责，全面落实分管业务安全生产工作
4	未报告应当立即报告上级的关键安全生产信息	导致信息传达发生迟滞，引发严重事态，造成发生事故，或事故扩大	对掌握的关键安全生产信息立即进行上报

续表

序号	不安全行为描述	可能导致的事故/事件	正确行为
5	未能准确掌握本岗位应当掌握的关键安全生产知识技能	导致不具备本岗位的必要安全生产管理能力,安全生产出现隐患未能整改,发生事故	准确掌握本岗位应当掌握的关键安全生产知识技能
6	未组织或者参与拟订安全生产规章制度、操作规程	安全管理制度、操作规程不完善导致现场不具备必要的安全管理条件和方法,造成无法排除隐患而发生事故	组织或者参与拟订安全生产规章制度、操作规程
7	未督促落实危险点的安全管理措施	危险点缺乏安全管理措施,导致风险失控,造成事故发生	督促落实危险点的安全管理措施
8	未组织或者参与拟订生产安全事故应急预案,未组织或参与本单位应急救援演练	应急管理体系不健全,人员不具备必要的应急能力,导致发生事故后无法正确应对,造成事故损失加重	组织或者参与拟订生产安全事故应急预案,组织或参与本单位应急救援演练
9	未检查安全生产状况,未及时排查生产安全事故隐患	导致现场隐患无法及时有效排除,造成事故,事故无免责证据	检查安全生产状况,及时排查生产安全事故隐患
10	未制止和纠正违章指挥、强令冒险作业、违反操作规程的行为	导致违章指挥、强令冒险作业、违反操作规程行为出现,诱发事故发生	制止和纠正违章指挥、强令冒险作业、违反操作规程的行为
11	未督促落实安全生产整改措施	因安全生产整改措施落实缺乏监督,未落实或落实不充分,导致风险暴露,引发事故	督促落实安全生产整改措施

5.1.10　一般管理人员典型不安全行为

表 5－10　一般管理人员典型不安全行为

序号	不安全行为描述	可能导致的事故/事件	正确行为
1	本岗位安全生产资格资质不符合要求	不具备岗位安全生产资格资质,引发事故发生	根据要求,取得符合本岗位要求的安全生产资格资质
2	未接受安全生产教育培训或安全生产教育培训不合格	因人员缺乏必要的安全生产教育培训,不具备岗位安全生产资格资质,引发事故发生	接受安全生产教育培训,并合格达标
3	未全面落实岗位安全生产职责和分管业务安全生产工作	岗位安全生产职责履行不力,分管业务安全生产管理缺失,隐患、危险多现,导致事故事件发生	按要求,充分履职尽责,全面落实分管业务安全生产工作
4	未遵守安全生产规章制度	出现不安全行为,造成事故发生	严格遵守安全生产规章制度和操作规程
5	未穿戴个人防护用品进入现场	导致受到事故伤害	进入现场前必须正确佩戴齐全的个人防护用品

5.1.11　计划调度人员典型不安全行为

表 5－11　计划调度人员典型不安全行为

序号	不安全行为描述	可能导致的事故/事件	正确行为
1	本岗位安全生产资格资质不符合要求	不具备岗位安全生产资格资质,引发事故发生	根据要求,取得符合本岗位要求的安全生产资格资质
2	未接受安全生产教育培训或安全生产教育培训不合格	因人员缺乏必要的安全生产教育培训,不具备岗位安全生产资格资质,引发事故发生	接受安全生产教育培训,并合格达标

续表

序号	不安全行为描述	可能导致的事故/事件	正确行为
3	未全面落实岗位安全生产职责和分管业务安全生产工作	岗位安全生产职责履行不力，分管业务安全生产管理缺失，隐患、危险多现，导致事故事件发生	按要求，充分履职尽责，全面落实分管业务安全生产工作
4	未落实安全生产“五同时”的要求	主管业务中，安全生产计划、安全生产要求、安全检查项目、安全评比条款、安全生产总结缺失，造成因管理失效，导致事故	在计划、布置、检查、总结、评比所负责的业务工作时，同时分析存在的安全风险，落实安全控制措施
5	未开展安全生产检查，未落实岗位安全生产自查	岗位隐患未能被及时排除治理，导致事故发生	开展安全生产检查，落实岗位安全生产自查
6	强行安排冒险生产任务计划	导致生产现场冒险作业，引发事故	生产任务计划时充分考虑安全问题，避免造成现场冒险作业
7	生产计划安排不合理	造成现场出现交叉作业，或生产人员疲劳作业等问题，引发事故	生产计划充分考虑安全作业要求，避免出现交叉作业、人员疲劳等问题

5.2 技术人员典型不安全行为

本节所指技术人员包括型号/项目总设计师/技术负责人、设计师、工艺师等。

其中，型号/项目总设计师/技术负责人典型不安全行为见表 5 - 12，设计师典型不安全行为见表 5 - 13，工艺师典型不安全行为见表 5 - 14。

5.2.1　型号/项目总设计师/技术负责人典型不安全行为

表5－12　型号/项目总设计师/技术负责人典型不安全行为

序号	不安全行为描述	可能导致的事故/事件	正确行为
1	岗位安全生产资格资质不符合要求	不具备岗位安全生产资格资质,引发事故发生	根据要求,取得符合本岗位要求的安全生产资格资质
2	未接受安全生产教育培训或安全生产教育培训不合格	因缺乏必要的安全生产教育培训,不具备岗位安全生产资格资质,引发事故发生	接受安全生产教育培训,并合格达标
3	未全面落实岗位安全生产职责和分管业务安全生产工作	岗位安全生产职责履行不力,分管业务安全生产管理缺失,隐患、危险多现,导致事故事件发生	按要求,充分履职尽责,全面落实分管业务安全生产工作
4	未按规定实施型号安全性管理、安全性设计与分析、安全性验证与评价、装备使用安全、软件安全性等安全性工作项目	导致型号出现危险	严格按安全性工作项目要求实施工作
5	未提出技术安全要求和建议	导致因关键安全要求和建议缺失,造成隐患未能排除或出现隐患,引发事故	提出技术安全要求和建议
6	未督促各阶段技术安全性审查和评审工作的开展	导致技术安全出现漏洞,现场出现隐患,造成事故发生	督促各阶段技术安全性审查和评审工作的开展
7	未贯彻落实有关技术安全标准和集团公司试验技术安全规章制度和文件	导致型号设计的总体安全性存在隐患,造成事故发生	严格贯彻落实有关技术安全标准和集团公司试验技术安全规章制度和文件

5.2.2 设计师典型不安全行为

表 5－13　设计师典型不安全行为

序号	不安全行为描述	可能导致的事故/事件	正确行为
1	本岗位安全生产资格资质不符合要求	不具备岗位安全生产资格资质，引发事故发生	根据要求，取得符合本岗位要求的安全生产资格资质
2	未接受安全生产教育培训或安全生产教育培训不合格	因缺乏必要的安全生产教育培训，不具备岗位安全生产资格资质，引发事故发生	接受安全生产教育培训，并合格达标
3	未全面落实岗位安全生产职责和分管业务安全生产工作	岗位安全生产职责履行不力，分管业务安全生产管理缺失，隐患、危险多现，导致事故事件发生	按要求，充分履职尽责，全面落实分管业务安全生产工作
4	未在设计文件中明确、传递安全性设计要求	导致在设计时未充分考虑安全性要求，导致产品安全性不符合要求	设计文件中明确安全性设计要求，保证充分安全技术交底
5	未在产品设计中按要求开展安全性设计与分析、安全性验证与评价、装备使用安全、软件安全性等工作	导致产品设计缺乏安全性，制造产品、产品使用安全不满足要求	在产品设计中，按要求开展安全性设计与分析、安全性验证与评价、产品使用安全、软件安全性等工作
6	未开展安全生产检查，未落实岗位安全生产自查	岗位隐患未能被及时排除治理，导致事故发生	开展安全生产检查，落实岗位安全生产自查

5.2.3　工艺师典型不安全行为

表 5－14　工艺师典型不安全行为

序号	不安全行为描述	可能导致的事故/事件	正确行为
1	岗位安全生产资格资质不符合要求	不具备岗位安全生产资格资质,引发事故发生	根据要求,取得符合本岗位要求的安全生产资格资质
2	未接受安全生产教育培训或安全生产教育培训不合格	因人员缺乏必要的安全生产教育培训,不具备岗位安全生产资格资质,引发事故发生	接受安全生产教育培训,并合格达标
3	未全面落实岗位安全生产职责和分管业务安全生产工作	岗位安全生产职责履行不力,分管业务安全生产管理缺失,隐患、危险多现,导致事故事件发生	按要求,充分履职尽责,全面落实分管业务安全生产工作
4	未在产品工艺设计中按要求开展安全性设计与分析、安全性验证与评价、装备使用安全、软件安全性等工作	导致产品设计缺乏安全性,制造产品、产品使用中安全不符合要求	在产品工艺设计中,按要求开展安全性设计与分析、安全性验证与评价、产品使用安全、软件安全性等工作,保证充分安全技术交底
5	采用新工艺、新技术时,或对危险性较大的危险作业的工艺技术文件审查时,未对安全性进行充分审核	导致采用的新工艺、新技术,或危险性较大的危险作业的工艺技术文件存在工艺上缺陷、隐患,导致在试验、实际运行中发生事故	采用新工艺、新技术时,或对危险性较大的危险作业的工艺技术文件评审时,进行系统、充分的安全性审查
6	未开展安全生产检查,未落实岗位安全生产自查	岗位隐患未能被及时排除治理,导致事故发生	开展安全生产检查,落实岗位安全生产自查
7	使用国家明令淘汰、禁止的工艺	因使用淘汰工艺,导致生产产品存在工艺上的缺陷、隐患,导致在试验、实际运行中发生事故	严禁使用国家明令淘汰、禁止的工艺

5.3 技能人员典型不安全行为

本节所指技能人员包括一般技能人员，普通车工，普通铣工，电焊工，磨工，钳工，无线工，司机，吊车工，塔吊司机，电工，维修工，冲压工，试验人员，配方研制人员，火工品操作人员，发动机端包、整形、燃烧室整形人员，推进剂混合、浇注人员，液体推进剂加注人员，混凝土工，低压铸造人员，电镀工，锻工，热处理工，热电池试制工 & 热电池制片人员，复合材料制作人员等。

其中，一般技能人员岗位作业典型不安全行为见表 5－15，普通车工典型不安全行为见表 5－16，普通铣工典型不安全行为见表 5－17，电焊工典型不安全行为见表 5－18，磨工典型不安全行为见表 5－19，钳工典型不安全行为见表 5－20，无线工典型不安全行为见表 5－21，司机典型不安全行为见表 5－22，吊车工典型不安全行为见表 5－23，塔吊司机典型不安全行为见表 5－24，电工典型不安全行为见表 5－25，维修工典型不安全行为见表 5－26，冲压工典型不安全行为见表 5－27，试验人员典型不安全行为见表 5－28，配方研制岗位典型不安全行为见表 5－29，火工品操作岗位典型不安全行为见表 5－30，发动机端包、整形、燃烧室整形岗位典型不安全行为见表5－31，推进剂混合、浇注岗位典型不安全行为见表 5－32，液体推进剂加注岗位典型不安全行为见表 5－33，混凝土工典型不安全行为见表 5－34，低压铸造岗位典型不安全行为见表 5－35，电镀工典型不安全行为见表 5－36，锻工典型不安全行为见表 5－37，热处理工典型不安全行为见表 5－38，热电池试制工 & 热电池制片岗位典型不安全行为见表 5－39，复合材料制作岗位典型不安全行为见表 5－40。

5.3.1　一般技能人员岗位作业典型不安全行为

表5-15　一般技能人员岗位作业典型不安全行为

序号	不安全行为描述	可能导致的事故/事件	正确行为
1	本岗位安全生产资格资质不符合要求	不具备岗位安全生产资格资质,引发事故发生	根据要求,取得符合本岗位要求的安全生产资格资质
2	未接受安全生产教育培训或安全生产教育培训不合格	因人员缺乏必要的安全生产教育培训,不具备岗位安全生产资格资质,引发事故发生	接受安全生产教育培训,并合格达标
3	未全面落实岗位安全生产职责和分管业务安全生产工作	岗位安全生产职责履行不力,分管业务安全生产管理缺失,隐患、危险多现,导致事故事件发生	按要求,充分履职尽责,全面落实分管业务安全生产工作
4	未配合开展安全生产检查,未落实岗位安全生产自查	岗位隐患未能被及时排除治理,导致事故发生	配合开展安全生产检查,落实岗位安全生产自查
5	未遵守安全生产规章制度和操作规程	出现不安全行为,造成事故发生	严格遵守安全生产规章制度和操作规程
6	未穿戴个人防护用品进入现场	导致受到事故伤害	进入现场前必须正确佩戴齐全的个人防护用品

5.3.2　普通车工典型不安全行为

表5-16　普通车工典型不安全行为

序号	不安全行为描述	可能导致的事故/事件	正确行为
1	本岗位安全生产资格资质不符合要求	不具备岗位安全生产资格资质,引发事故发生	根据要求,取得符合本岗位要求的安全生产资格资质
2	未接受安全生产教育培训或安全生产教育培训不合格	因人员缺乏必要的安全生产教育培训,不具备岗位安全生产资格资质,引发事故发生	接受安全生产教育培训,并合格达标

续表

序号	不安全行为描述	可能导致的事故/事件	正确行为
3	未全面落实岗位安全生产职责和分管业务安全生产工作	岗位安全生产职责履行不力，分管业务安全生产管理缺失，隐患、危险多现，导致事故事件发生	按要求，充分履职尽责，全面落实分管业务安全生产工作
4	作业前未正确穿戴个人防护用品	因未正确穿戴个人防护用品就暴露在职业危害场所，造成长发被设备卷入，领口、袖口、下摆被设备卷入，手套被设备卷入，吸入粉尘等事故	作业前穿戴好个人防护用品，做到长发束在工作帽内，着装应三紧，不戴手套，佩戴护目镜
5	使用前未检查设备安全防护装置状态	因未做好作业前检查，导致设备不具备安全作业状态，启动后发生事故	使用前检查设备主要部件、安全防护装置完好、有效，操控按钮无损坏、卡滞情况
6	使用前未空载运行，未检查运转是否正常	启动后卡盘选装失衡，导致工件折断飞出造成事故	使用前空载运行，检查运转是否正常
7	启动前工件装卡不牢固，未将卡盘扳手取下	启动后工件被甩出、卡盘扳手飞出，造成事故	车床启动前，工件装卡牢固，将卡盘扳手取下
8	未使用专用工具清除切屑	用手代替工具，接触尖锐铁屑造成伤害；使用非专业工具造成事故	使用专用工具清除切屑

5.3.3 普通铣工典型不安全行为

表 5-17 普通铣工典型不安全行为

序号	不安全行为描述	可能导致的事故/事件	正确行为
1	本岗位安全生产资格资质不符合要求	不具备岗位安全生产资格资质，引发事故发生	根据要求，取得符合本岗位要求的安全生产资格资质
2	未接受安全生产教育培训或安全生产教育培训不合格	因人员缺乏必要的安全生产教育培训，不具备岗位安全生产资格资质，引发事故发生	接受安全生产教育培训，并合格达标

续表

序号	不安全行为描述	可能导致的事故/事件	正确行为
3	未全面落实岗位安全生产职责和分管业务安全生产工作	岗位安全生产职责履行不力，分管业务安全生产管理缺失，隐患、危险多现，导致事故事件发生	按要求，充分履职尽责，全面落实分管业务安全生产工作
4	作业前未正确佩戴好个人防护用品	因未正确穿戴个人防护用品，暴露在职业危害场所，造成长发被设备卷入，领口、袖口、下摆被设备卷入，手套被设备卷入，吸入粉尘等事故	作业前佩戴好个人防护用品，做到长发束在工作帽内，着装应三紧，不戴手套，佩戴护目镜
5	作业前未检查确认安全防护装置、电源线保护套及接地保护完好可靠	因未做好作业前检查，导致设备不具备安全作业状态，启动后发生事故	作业前认真检查确认安全防护装置、电源线保护套及接地保护完好可靠
6	启动前工件装卡不牢固，或未将刀具紧固扳手取下	启动后工件或刀具紧固扳手被甩出造成事故	启动前保证工件装卡牢固，将刀具紧固扳手取下
7	未使用专用工具清除切屑	用手代替工具，接触尖锐铁屑造成伤害；使用非专业工具造成事故	使用专用工具清除切屑

5.3.4 电焊工典型不安全行为

表5-18　电焊工典型不安全行为

序号	不安全行为描述	可能导致的事故/事件	正确行为
1	本岗位安全生产资格资质不符合要求	不具备岗位安全生产资格资质，引发事故发生	根据要求，取得符合本岗位要求的安全生产资格资质
2	未接受安全生产教育培训或安全生产教育培训不合格	因人员缺乏必要的安全生产教育培训，不具备岗位安全生产资格资质，引发事故发生	接受安全生产教育培训，并合格达标

续表

序号	不安全行为描述	可能导致的事故/事件	正确行为
3	未全面落实岗位安全生产职责和分管业务安全生产工作	岗位安全生产职责履行不力，分管业务安全生产管理缺失，隐患、危险多现，导致事故事件发生	按要求，充分履职尽责，全面落实分管业务安全生产工作
4	电焊作业前，现场未进行可燃易燃物品清理	焊渣明火导致火灾爆炸事故	电焊作业前，现场进行可燃易燃物品清理
5	电焊作业前未检查焊把绝缘破损情况	导致焊把绝缘破损未检出，焊工不慎碰触带电体，造成触电事故	电焊作业前检查焊把绝缘完好
6	电焊作业时未正确有效使用个人防护用品	因未佩戴齐全焊工面屏、焊工手套、焊工服、绝缘鞋等个人防护用品，造成眼睛被焊光灼伤、触电、烫伤	电焊作业时，正确有效使用焊工面屏、焊工手套、焊工服、绝缘鞋等个人防护用品
7	电焊机未进行接地	因电焊机漏电无法导出，导致接触人员触电	电焊机必须接地
8	电焊作业时，站在积水的地面上	电焊机漏电导致作业人员触电	电焊作业时站在干燥的工作面上
9	电焊作业时随意将焊把丢在地上	导致焊把碰触焊接金属，形成电回路，人员误碰带电体，发生触电事故	电焊作业时焊把应放置在安全可靠位置，防止触电

5.3.5 磨工典型不安全行为

表 5-19 磨工典型不安全行为

序号	不安全行为描述	可能导致的事故/事件	正确行为
1	本岗位安全生产资格资质不符合要求	不具备岗位安全生产资格资质，引发事故发生	根据要求，取得符合本岗位要求的安全生产资格资质
2	未接受安全生产教育培训或安全生产教育培训不合格	因人员缺乏必要的安全生产教育培训，不具备岗位安全生产资格资质，引发事故发生	接受安全生产教育培训，并合格达标

续表

序号	不安全行为描述	可能导致的事故/事件	正确行为
3	未全面落实岗位安全生产职责和分管业务安全生产工作	岗位安全生产职责履行不力，分管业务安全生产管理缺失，隐患、危险多现，导致事故事件发生	按要求，充分履职尽责，全面落实分管业务安全生产工作
4	作业前未正确穿戴好个人防护用品	因未正确穿戴个人防护用品，暴露在职业危害场所，造成长发被设备卷入，领口、袖口、下摆被设备卷入，手套被设备卷入，吸入粉尘等事故	作业前佩戴好个人防护用品，做到长发束在工作帽内，着装应三紧，不戴手套，佩戴护目镜
5	作业前未检查砂轮片有无裂纹	砂轮片存在裂纹未更换，导致作业中砂轮破损飞出伤人	作业前检查砂轮片有无裂纹
6	作业前未检查确认设备安全防护装置状态	因未做好作业前检查，导致设备不具备安全作业状态，启动后发生事故	作业前检查确认各种保险、安全防护装置、急停按钮、电源线保护套及接地保护完好可靠
7	作业前未检查设备除尘装置是否正常使用	作业中除尘装置失效，导致现场粉尘超标，造成人员患职业病	作业前检查设备除尘装置是否正常使用

5.3.6　钳工典型不安全行为

表5-20　钳工典型不安全行为

序号	不安全行为描述	可能导致的事故/事件	正确行为
1	本岗位安全生产资格资质不符合要求	不具备岗位安全生产资格资质，引发事故发生	根据要求，取得符合本岗位要求的安全生产资格资质
2	未接受安全生产教育培训或安全生产教育培训不合格	因人员缺乏必要的安全生产教育培训，不具备岗位安全生产资格资质，引发事故发生	接受安全生产教育培训，并合格达标

续表

序号	不安全行为描述	可能导致的事故/事件	正确行为
3	未全面落实岗位安全生产职责和分管业务安全生产工作	岗位安全生产职责履行不力,分管业务安全生产管理缺失,隐患、危险多现,导致事故事件发生	按要求,充分履职尽责,全面落实分管业务安全生产工作
4	未正确穿戴个人防护用品	作业中因旋转设备卷带手套造成机械伤害;因无个人防护用品导致人员受伤	正确穿戴个人防护用品,严禁戴手套操作旋转设备
5	使用砂轮机时未固定好砂轮片	导致操作中砂轮片飞出,造成伤人事故	作业前确定固定好砂轮片
6	使用刮刀时,手拿着工件削刮	用力过猛,导致刮伤	使用刮刀不可拿着工件削刮
7	使用前未检查手持电动工具绝缘状况	手持电工工具漏电,引发触电事故	使用前检查手持电动工具绝缘状况
8	未正确使用锤子、凿子、铲子、锉刀、手锯等工具	工具使用错误,或用力过猛或拿持不稳等,导致伤人事故	正确使用锤子、凿子、铲子、锉刀、手锯等工具

5.3.7 无线工典型不安全行为

表 5－21 无线工典型不安全行为

序号	不安全行为描述	可能导致的事故/事件	正确行为
1	本岗位安全生产资格资质不符合要求	不具备岗位安全生产资格资质,引发事故发生	根据要求,取得符合本岗位要求的安全生产资格资质
2	未接受安全生产教育培训或安全生产教育培训不合格	因人员缺乏必要的安全生产教育培训,不具备岗位安全生产资格资质,引发事故发生	接受安全生产教育培训,并合格达标
3	未全面落实岗位安全生产职责和分管业务安全生产工作	岗位安全生产职责履行不力,分管业务安全生产管理缺失,隐患、危险多现,导致事故事件发生	按要求,充分履职尽责,全面落实分管业务安全生产工作

续表

序号	不安全行为描述	可能导致的事故/事件	正确行为
4	焊接作业时，接铅、接触含有苯类接着剂时，作业工位未开启足量的吸烟设备	吸入过量铅烟或接触苯类物质，导致职业病	体检合格；接铅、接触含有苯类接着剂时，作业工位开启足量的吸烟设备
5	波峰焊机运行时，身体接触高温设备或焊液	导致烫伤	波峰焊机运行时，严禁身体接触高温设备或焊液
6	未按照操作规程领取、使用、存放、废弃危险化学品	危险化学品领取过量，使用后存放于生产现场普通箱柜或直接放置现场；危险化学品直接放置于无防滚落台面；使用危险化学品对带电设备进行擦拭，或擦拭后，将废弃棉片随意丢弃，导致危险化学品遇点火源着火，引发火灾事故	适量领取危险化学品，不得存放于作业现场，剩余危险化学品专柜存放或返回酒精仓库；危险化学品放置台面做好防滚落措施；禁止使用危险化学品对带电设备进行擦拭；擦拭后，将废弃棉片统一回收处理
7	未检查所使用电吹风、电烙铁等手持电动工具绝缘防护	导致手持电工工具绝缘破坏未处理，造成使用时引发触电事故	定期检查所使用电吹风、电烙铁等手持电动工具绝缘防护，按要求开展绝缘检测

5.3.8　司机典型不安全行为

表 5－22　司机典型不安全行为

序号	不安全行为描述	可能导致的事故/事件	正确行为
1	本岗位安全生产资格资质不符合要求	不具备岗位安全生产资格资质，引发事故发生	根据要求，取得符合本岗位要求的安全生产资格资质
2	未接受安全生产教育培训或安全生产教育培训不合格	因人员缺乏必要的安全生产教育培训，不具备岗位安全生产资格资质，引发事故发生	接受安全生产教育培训，并合格达标

续表

序号	不安全行为描述	可能导致的事故/事件	正确行为
3	未全面落实岗位安全生产职责和分管业务安全生产工作	岗位安全生产职责履行不力，分管业务安全生产管理缺失，隐患、危险多现，导致事故事件发生	按要求，充分履职尽责，全面落实分管业务安全生产工作
4	未持证上岗（与准驾车型不符）	关键岗位人员不具备安全作业能力，导致事故发生	定期安全教育，持证上岗（与准驾车型相符）
5	未在每天班前班后检查所负责车辆的安全状况，未做记录	车辆出现隐患，或隐患失控，导致事故发生	每天班前班后检查所负责车辆的安全状况，并做记录
6	未按时完成机动车辆的年检和驾驶员年审	导致车辆存在隐患未能排除，或关键岗位人员不具备安全作业能力，导致事故发生	按时完成机动车辆的年检和驾驶员年审
7	违章驾驶	违章驾驶导致发生交通事故	严格按照交通规程进行车辆驾驶，不超速、不酒驾、恶劣天气安全驾驶、不开斗气车、不逆行、不违规超车、不超载等

5.3.9 吊车工典型不安全行为

表 5-23 吊车工典型不安全行为

序号	不安全行为描述	可能导致的事故/事件	正确行为
1	本岗位安全生产资格资质不符合要求	不具备岗位安全生产资格资质，引发事故发生	根据要求，取得符合本岗位要求的安全生产资格资质
2	未接受安全生产教育培训或安全生产教育培训不合格	因人员缺乏必要的安全生产教育培训，不具备岗位安全生产资格资质，引发事故发生	接受安全生产教育培训，并合格达标

续表

序号	不安全行为描述	可能导致的事故/事件	正确行为
3	未全面落实岗位安全生产职责和分管业务安全生产工作	岗位安全生产职责履行不力,分管业务安全生产管理缺失,隐患、危险多现,导致事故事件发生	按要求,充分履职尽责,全面落实分管业务安全生产工作
4	未在使用前开展点检,未留存记录	吊装作业现场隐患未能被及时排除治理,导致事故发生	使用起重机前,应按要求开展点检,发现问题及时报修
5	未在开展吊装作业前,检查吊具安全状态,未留存记录	吊具隐患未能被及时排除治理,导致事故发生	吊装作业前,按要求检查吊具状况,发现问题及时报修处理
6	未在吊装过程遵守安全操作规程	导致出现不安全行为,产生隐患,引发事故发生	吊装过程严格遵守安全操作规程,吊装前做好安全技术交底
7	违反“十不吊”原则	导致起重作业伤人或设备损坏事故	严格执行“十不吊”原则

5.3.10 塔吊司机典型不安全行为

表5-24 塔吊司机典型不安全行为

序号	不安全行为描述	可能导致的事故/事件	正确行为
1	本岗位安全生产资格资质不符合要求	不具备岗位安全生产资格资质,引发事故发生	根据要求,取得符合本岗位要求的安全生产资格资质
2	未接受安全生产教育培训或安全生产教育培训不合格	因人员缺乏必要的安全生产教育培训,不具备岗位安全生产资格资质,引发事故发生	接受安全生产教育培训,并合格达标
3	未全面落实岗位安全生产职责和分管业务安全生产工作	岗位安全生产职责履行不力,分管业务安全生产管理缺失,隐患、危险多现,导致事故事件发生	按要求,充分履职尽责,全面落实分管业务安全生产工作

续表

序号	不安全行为描述	可能导致的事故/事件	正确行为
4	随意调整和拆除塔吊行程限位开关等安全保护装置	导致设备缺乏安全防护装置，作业中操作失误导致钢丝绳被拉断、冲顶等事故，造成现场人员伤害	塔吊行程限位开关等安全保护装置必须齐全完整、灵敏可靠，不得随意调整和拆除
5	用限位装置代替操纵机构	因限位装置故障，导致发生钢丝绳被拉断、冲顶等事故，造成现场人员伤害	严禁用限位装置代替操纵机构
6	重物吊运时，从人上方通过	吊物突发坠落，导致人员被砸事故	重物吊运时，应设置安全区域，严禁从人上方通过
7	未按规定的塔吊起重性能作业，超载荷和起吊不明重量的物件	导致塔吊被拉倒倾翻事故	必须按规定的塔吊起重性能作业，不得超载荷和起吊不明重量的物件
8	起吊重物时在重物上堆放或悬挂零星物件	运行时或遇大风，导致堆物坠落或人员滑倒从高处坠落	起吊重物时应绑扎平稳、牢固，不得在重物上堆放或悬挂零星物件
9	零星材料和物件未用吊笼或钢丝绳绑扎牢	吊运过程中发生吊物坠落事故	零星材料和物件必须用吊笼或钢丝绳绑扎牢固后，方可起吊

5.3.11 电工典型不安全行为

表 5-25 电工典型不安全行为

序号	不安全行为描述	可能导致的事故/事件	正确行为
1	本岗位安全生产资格资质不符合要求	不具备岗位安全生产资格资质，引发事故发生	根据要求，取得符合本岗位要求的安全生产资格资质
2	未接受安全生产教育培训或安全生产教育培训不合格	因人员缺乏必要的安全生产教育培训，不具备岗位安全生产资格资质，引发事故发生	接受安全生产教育培训，并合格达标

续表

序号	不安全行为描述	可能导致的事故/事件	正确行为
3	未全面落实岗位安全生产职责和分管业务安全生产工作	岗位安全生产职责履行不力，分管业务安全生产管理缺失，隐患、危险多现，导致事故事件发生	按要求，充分履职尽责，全面落实分管业务安全生产工作
4	电气线路布置不合理，通过通道电源线无防护措施	经过人员误接触带电体导致触电	电气线路架空布设，通过通道进行绝缘穿线防护
5	电气线路布置不合理，未安装漏电保护器	发生人员触电时因无断电保护，而造成人员触电	存在漏电风险的电气设备配置漏电保护器
6	配电箱装配不符合标准规范	配电箱防触电挡板未固定，配电箱跨接线连接不正确，配电箱/柜内裸露导体未屏护等，造成操作人员使用配电箱时触电	安装配电箱时固定好防触电挡板，配电箱跨接线正确连接，对配电箱/柜内裸露导体进行有效屏护
7	配电箱内未张贴开关标识，配置线路图与实际不符	导致操作人员误操作，开关线路送/断电，导致事故	配线箱内所有开关明确标识，按照实际线路及标准要求绘制配置线路图
8	未开展月度巡检	发现隐患不能及时处理，或未及时发现，导致事故	每月进行月度巡检，并规范完整记录

5.3.12　维修工典型不安全行为

表5-26　维修工典型不安全行为

序号	不安全行为描述	可能导致的事故/事件	正确行为
1	本岗位安全生产资格资质不符合要求	不具备岗位安全生产资格资质，引发事故发生	根据要求，取得符合本岗位要求的安全生产资格资质
2	未接受安全生产教育培训或安全生产教育培训不合格	因人员缺乏必要的安全生产教育培训，不具备岗位安全生产资格资质，引发事故发生	接受安全生产教育培训，并合格达标

续表

序号	不安全行为描述	可能导致的事故/事件	正确行为
3	未全面落实岗位安全生产职责和分管业务安全生产工作	岗位安全生产职责履行不力，分管业务安全生产管理缺失，隐患、危险多现，导致事故事件发生	按要求，充分履职尽责，全面落实分管业务安全生产工作
4	维修作业时，现场无监护	因缺乏监护，造成人员受到事故伤害	维修作业时，现场设置监护
5	作业人员进行维修作业时，断电、断气开关未挂警示牌	有人启动设备或合闸送电，导致机械伤害或触电事故	作业人员进行维修作业时，电气和关键设备部位必须上锁挂签
6	作业人员进行维修作业时，现场未隔离防护	导致无关人员误入现场造成伤害事故	作业人员进行维修作业时，现场进行完整的隔离防护，并在醒目位置挂设警告标志
7	维修作业时拆除原有防护设施，作业完成后未恢复，或完工后未清理现场	导致后续作业人员受到伤害	维修作业时拆除原有防护设施，作业完成后必须恢复。作业完成后清理恢复现场
8	作业人员带电检修，未采取防护措施	因无安全防护导致触电	作业人员带电检修，必须提前进行能量隔离
9	高空作业，未采取防坠措施	作业人员未戴安全帽、未系安全带或作业人员使用的工具无防坠落措施，导致高处坠落或物体打击事故发生	高空作业，作业人员必须戴安全帽，采取必要的作业平台防坠落设施，系安全带，作业人员使用的工具采取防坠落措施
10	在明火环境使用易燃清洗剂	导致火灾事故，人员烧伤	使用易燃清洗剂现场必须采取防火防静电措施

5.3.13 冲压工典型不安全行为

表 5－27 冲压工典型不安全行为

序号	不安全行为描述	可能导致的事故/事件	正确行为
1	本岗位安全生产资格资质不符合要求	不具备岗位安全生产资格资质，引发事故发生	根据要求，取得符合本岗位要求的安全生产资格资质

续表

序号	不安全行为描述	可能导致的事故/事件	正确行为
2	未接受安全生产教育培训或安全生产教育培训不合格	因人员缺乏必要的安全生产教育培训，不具备岗位安全生产资格资质，引发事故发生	接受安全生产教育培训，并合格达标
3	未全面落实岗位安全生产职责和分管业务安全生产工作	岗位安全生产职责履行不力，分管业务安全生产管理缺失，隐患、危险多现，导致事故事件发生	按要求，充分履职尽责，全面落实分管业务安全生产工作
4	作业前未检查设备安全防护系统状况	发生异常情况无法起到保护作用	作业前检查设备安全防护系统状况
5	作业前未检查电气设备状态	漏电导致人员触电事故	作业前检查电气设备状态
6	未正确固定模具螺栓	冲压运行时导致模具受力不均发生迸射伤人	装模具螺栓必须固定，严禁私自移动
7	作业中人员肢体进入冲压运行区域	人员肢体被冲压	严禁作业中人员肢体进入冲压运行区域

5.3.14　试验人员典型不安全行为

表5-28　试验人员典型不安全行为

序号	不安全行为描述	可能导致的事故/事件	正确行为
1	本岗位安全生产资格资质不符合要求	不具备岗位安全生产资格资质，引发事故发生	根据要求，取得符合本岗位要求的安全生产资格资质
2	未接受安全生产教育培训或安全生产教育培训不合格	因人员缺乏必要的安全生产教育培训，不具备岗位安全生产资格资质，引发事故发生	接受安全生产教育培训，并合格达标
3	未全面落实岗位安全生产职责和分管业务安全生产工作	岗位安全生产职责履行不力，分管业务安全生产管理缺失，隐患、危险多现，导致事故事件发生	按要求，充分履职尽责，全面落实分管业务安全生产工作

续表

序号	不安全行为描述	可能导致的事故/事件	正确行为
4	未检查试验设备安全防护装置、自动报警系统的完好性	导致出现异常情况无法发出报警信息、防护缺失，引发事故	定期检查试验设备安全防护装置、自动报警系统的完好性
5	未检查试验设备电气绝缘及接地保护系统的完好可靠性	造成漏电导致人员触电	定期检查试验设备电气绝缘及接地保护系统的完好可靠性
6	将易燃易爆物品放入高温试验设备中	引发火灾爆炸事故	严禁将易燃易爆物品放入高温试验设备中
7	试验设备运行过程中人体进入运行区域	导致人体受到机械伤害	试验设备运行过程中禁止人体进入运行区域
8	试验过程中，注意力不集中	试验过程中观察显示屏运行参数变化或设备运行异常情况时，注意力不集中，导致异常情况未被及时发现，引发事故	试验过程中时刻注意显示屏运行参数变化或设备运行异常情况
9	试验结束后未关闭能量源	导致设备停机后携带电能、化学能，人员误操作导致事故发生	试验结束后必须关闭能量源

5.3.15 配方研制岗位典型不安全行为

表 5－29 配方研制岗位典型不安全行为

序号	不安全行为描述	可能导致的事故/事件	正确行为
1	本岗位安全生产资格资质不符合要求	不具备岗位安全生产资格资质，引发事故发生	根据要求，取得符合本岗位要求的安全生产资格资质
2	未接受安全生产教育培训或安全生产教育培训不合格	因人员缺乏必要的安全生产教育培训，不具备岗位安全生产资格资质，引发事故发生	接受安全生产教育培训，并合格达标
3	未全面落实岗位安全生产职责和分管业务安全生产工作	岗位安全生产职责履行不力，分管业务安全生产管理缺失，隐患、危险多现，导致事故事件发生	按要求，充分履职尽责，全面落实分管业务安全生产工作

续表

序号	不安全行为描述	可能导致的事故/事件	正确行为
4	相容性试验时，未保证组分间相容	导致发生剧烈反应，试样燃烧，引起火灾	试验前应充分考虑物品的安全性并制定详细的试验方案，经评审后方可试验
5	未对推进剂充分预混，未使铝粉完全润湿	存在干粉，入料后与氧化剂发生反应，燃烧，引起火灾	推进剂必须预混充分，在入料前检查稀浆内有无干粉
6	未按照工艺流程作业，混合时，物料顺序加错	导致推进剂混合料发生反应，燃烧，引起火灾	作业前应熟悉工艺流程，严格按工艺要求执行作业
7	未执行化学品禁忌管理，不同性质化学品混放	禁忌性化学品混放发生反应，导致废药燃烧，引起火灾	严格执行化学品禁忌管理，严禁不同配方的废药混装混放，各配方产生的废推进剂单独存放，严禁废药与清理纸、清理棉纱混存混放

5.3.16　火工品操作岗位典型不安全行为

表5-30　火工品操作岗位典型不安全行为

序号	不安全行为描述	可能导致的事故/事件	正确行为
1	本岗位安全生产资格资质不符合要求	不具备岗位安全生产资格资质，引发事故发生	根据要求，取得符合本岗位要求的安全生产资格资质
2	未接受安全生产教育培训或安全生产教育培训不合格	因人员缺乏必要的安全生产教育培训，不具备岗位安全生产资格资质，引发事故发生	接受安全生产教育培训，并合格达标
3	未全面落实岗位安全生产职责和分管业务安全生产工作	岗位安全生产职责履行不力，分管业务安全生产管理缺失，隐患、危险多现，导致事故事件发生	按要求，充分履职尽责，全面落实分管业务安全生产工作

续表

序号	不安全行为描述	可能导致的事故/事件	正确行为
4	使用普通工具测试火工品	设备产生电火花等明火，引燃火工品导致爆炸事故	使用工艺规定的小电流测试工具
5	接收火工品时，未同步接收安全技术说明书，未确认安全标签	安全特性不清，操作安全控制不到位，应急处置方案针对性不强，出现不安全行为，导致火工品爆炸事故	接收火工品时，同步接收安全技术说明书，确认安全标签，并复核和了解安全操作要求、应急处置要求
6	未在符合安全要求的场所作业	现场不具备防静电设施，可能导致作业人员静电不能有效释放，并导致火工品燃烧和爆燃；工房安全距离不足，抗爆、泄爆不满足要求，可能导致意外燃烧和爆炸时伤害范围扩大	在符合安全要求的场所作业，包括地面和工作台需满足防静电要求，现场设置静电泄放装置，设备金属外壳、门窗金属部分可靠接地，安装视频监控系统并满足存储要求，测试确认火工品与装配区的安全距离满足要求，抗爆、泄爆设计满足要求等
7	未正确穿戴个人防护用品，未做好防静电处置	作业中易产生静电，导致引燃火工品，造成爆炸事故	必须穿防静电服、鞋、帽子，将长发盘入帽子，静电敏感火工品操作时佩戴防静电腕带，防静电腕带须可靠接地，进入作业场所前释放静电
8	未在测试火工品时，保证发火孔偏离人体	火工品误发火时，可能造成人员伤害	测试火工品时，发火孔不得对人
9	未使用防静电的材料苫盖火工品	苫盖材料产生静电，可能点燃火工品，导致爆炸	使用防静电的材料苫盖火工品

5.3.17　发动机端包、整形、燃烧室整形岗位典型不安全行为

表5-31　发动机端包、整形、燃烧室整形岗位典型不安全行为

序号	不安全行为描述	可能导致的事故/事件	正确行为
1	本岗位安全生产资格资质不符合要求	不具备岗位安全生产资格资质,引发事故发生	根据要求,取得符合本岗位要求的安全生产资格资质
2	未接受安全生产教育培训或安全生产教育培训不合格	因人员缺乏必要的安全生产教育培训,不具备岗位安全生产资格资质,引发事故发生	接受安全生产教育培训,并合格达标
3	未全面落实岗位安全生产职责和分管业务安全生产工作	岗位安全生产职责履行不力,分管业务安全生产管理缺失,隐患、危险多现,导致事故事件发生	按要求,充分履职尽责,全面落实分管业务安全生产工作
4	清理发动机、药沫或整形作业时,未按规定佩戴防静电手环	导致作业中产生静电,引发推进剂燃烧、爆炸	清理发动机、药沫或整形作业时,必须佩戴防静电手环
5	发动机整形时,未对进刀、走刀进行限速	导致因摩擦过热,产生明火,引发推进剂燃烧、爆炸	整形发动机时,严格执行相关工艺安全规定,进刀、走刀速度严格执行安全评审速度
6	人工整形时,未按照规定使用不发火工具或相抵触工具	作业中出现明火,导致推进剂燃烧、爆炸	严格按照相关规定使用材质符合要求的刀具
7	未使用材质符合要求的刀具进行整形	摩擦发火引起推进剂燃烧	使用材质符合要求的刀具
8	整形作业时,燃烧室未接地	静电积聚引起推进剂燃烧	可靠接地
9	现场废药超量	废药燃烧引起人员伤亡扩大	废药及时转运出整形工房

5.3.18 推进剂混合、浇注岗位典型不安全行为

表 5－32 推进剂混合、浇注岗位典型不安全行为

序号	不安全行为描述	可能导致的事故/事件	正确行为
1	本岗位安全生产资格资质不符合要求	不具备岗位安全生产资格资质，引发事故发生	根据要求，取得符合本岗位要求的安全生产资格资质
2	未接受安全生产教育培训或安全生产教育培训不合格	因人员缺乏必要的安全生产教育培训，不具备岗位安全生产资格资质，引发事故发生	接受安全生产教育培训，并合格达标
3	未全面落实岗位安全生产职责和分管业务安全生产工作	岗位安全生产职责履行不力，分管业务安全生产管理缺失，隐患、危险多现，导致事故事件发生	按要求，充分履职尽责，全面落实分管业务安全生产工作
4	作业前，未对混合加料系统设备紧固件进行检查	混合机上的螺栓脱落掉入混合锅，摩擦碰撞引起推进剂燃烧、爆炸	作业前，对混合加料系统设备紧固件进行检查，确保可靠有效
5	拖拉粘有残药的工装和废药	可能引起推进剂燃烧、爆炸	严禁拖拉粘有残药的工装和废药等
6	混合作业中，操作人员未摘除戒指、耳钉、项链和手表等“小五金”	多余物掉入混合锅引起推进剂燃烧、爆炸	混合作业中，操作人员不得佩戴“小五金”类物品
7	手工加料或粉尘清理时，操作人员未采取导静电措施	静电积聚可能引起燃烧、爆炸	作业时，操作人员必须佩戴导静电手环
8	刮料时用力过猛	工具与锅壁猛烈撞击可能引起推进剂燃烧	刮料时动作要轻
9	加压浇注时，未控制加压压力	造成加压压力超过设计压力，引起容器爆炸	加压压力不得超过设计压力
10	粘有推进剂的工装未采取可靠的固定措施搬运	工装跌落引起推进剂燃烧、爆炸	工装搬运时必须固定牢靠
11	人员未撤离便启动混合设备	因现场有人，推进剂燃烧、爆炸引起人员伤亡	人员撤离后方可启动混合设备

续表

序号	不安全行为描述	可能导致的事故/事件	正确行为
12	未将混合锅锅沿、托枕及胶化机中间罩残药清理干净	混合锅上升产生压力，可能引起推进剂燃烧、爆炸	及时将混合锅锅沿、托枕及胶化机中间罩残药清理干净
13	作业结束后，未认真清理设备、工装上的粉尘，未执行现场残废料(药)存放限量要求	摩擦、挤压引起粉尘燃烧、爆炸或推进剂燃烧、爆炸引起事故扩大	必须将设备、工装上的粉尘清理干净，严格执行现场残废料(药)存放限量要求，混合现场产生的废药及时转运出工房

5.3.19 液体推进剂加注岗位典型不安全行为

表5-33 液体推进剂加注岗位典型不安全行为

序号	不安全行为描述	可能导致的事故/事件	正确行为
1	本岗位安全生产资格资质不符合要求	不具备岗位安全生产资格资质，引发事故发生	根据要求，取得符合本岗位要求的安全生产资格资质
2	未接受安全生产教育培训或安全生产教育培训不合格	因人员缺乏必要的安全生产教育培训，不具备岗位安全生产资格资质，引发事故发生	接受安全生产教育培训，并合格达标
3	未全面落实岗位安全生产职责和分管业务安全生产工作	岗位安全生产职责履行不力，分管业务安全生产管理缺失，隐患、危险多现，导致事故事件发生	按要求，充分履职尽责，全面落实分管业务安全生产工作
4	加注前，未将加注区域附件铁锈清理干净	推进剂发生泄漏或滴漏后与铁锈反应发生火灾事故	在加注前将加注作业区域附件的铁锈清理干净，并对固定铁器进行上漆等
5	加注前，未对相关加注管路按照加注介质的不同，以及中和液桶进行标色	因管路使用错误导致加注过程中氧化剂、燃料管路错误混用引发爆炸事故	在加注前对可能使用的相关管路按照氧化剂、燃料进行分类并进行区别标色，对中和液桶进行标色

续表

序号	不安全行为描述	可能导致的事故/事件	正确行为
6	加注前,未对相关加注服务阀及对应贮箱进行双人以上检查确认	因加注服务阀判断错误导致加注错误,在气动阀开启后,导致燃料与氧化剂在贮箱下游管路提前混合,引发爆炸事故	在加注前安排技术员、操作人员至少双人以上对加注服务阀进行确认
7	作业人员未正确穿戴个人防护用品	一旦推进剂泄漏,人员无妥善防护,将导致发生中毒事故	在作业前,现场作业人员按照介质区别,对于不同氧化剂、燃料,正确穿戴不同的手套、防护服、面罩等个人防护用品
8	未设置安全控制区域	一旦加注过程中外部人员误进入加注区域,接触有毒气体将导致中毒事故	在入场时对所有参试人员进行危险危害因素告知,加注时划设安全控制区域,并设置隔离带
9	作业完后未对加注管路进行清洗	人员接触未清洗管路导致中毒事故	作业完后必须使用清水及酒精对管路进行多次清洗

5.3.20 混凝土工典型不安全行为

表 5－34 混凝土工典型不安全行为

序号	不安全行为描述	可能导致的事故/事件	正确行为
1	本岗位安全生产资格资质不符合要求	不具备岗位安全生产资格资质,引发事故发生	根据要求,取得符合本岗位要求的安全生产资格资质
2	未接受安全生产教育培训或安全生产教育培训不合格	因人员缺乏必要的安全生产教育培训,不具备岗位安全生产资格资质,引发事故发生	接受安全生产教育培训,并合格达标
3	未全面落实岗位安全生产职责和分管业务安全生产工作	岗位安全生产职责履行不力,分管业务安全生产管理缺失,隐患、危险多现,导致事故事件发生	按要求,充分履职尽责,全面落实分管业务安全生产工作

续表

序号	不安全行为描述	可能导致的事故/事件	正确行为
4	2 m 以上的浇筑作业未在操作平台进行	作业无平台和安全防护设施,导致高处坠落	搭设操作平台,不得站在横板或支撑件上操作
5	振动器停止使用时,未立即关闭电动机,搬动电动机未切断电源,用电缆线拖拉扯动	设备漏电导致碰触带电体,造成触电事故	振动器停止使用时,应立即关闭电动机,搬动电动机应切断电源,不得用电缆线拖拉扯动
6	在电缆线上堆放其他物品或车压人踏	造成电源线绝缘破损,人员误触及带电体,导致触电事故	禁止在电缆线上堆放其他物品或车压人踏
7	使用振动棒未穿绝缘靴,湿手接触开关,作业前未检查电源线绝缘	电气设备漏电,因无防护导致触电事故	使用振动棒应穿绝缘靴,湿手不得接触开关,作业前检查电源线绝缘
8	浇灌混凝土使用的溜槽及串筒节间连接不牢固。操作部位未设护身栏杆,直接站在溜槽帮上操作	导致作业平台不稳固,无安全防护,造成高处坠落	浇灌混凝土使用的溜槽及串筒节间必须连接牢固。操作部位应设护身栏杆,不准直接站在溜槽帮上操作
9	用井架运输时,将小车把伸出笼外	运行中小车碰触外壁,导致人员连带出现高处坠落、机械伤害事故	使用井架运输时,车轮前后要挡牢,操作稳起稳落

5.3.21　低压铸造岗位典型不安全行为

表 5 - 35　低压铸造岗位典型不安全行为

序号	不安全行为描述	可能导致的事故/事件	正确行为
1	本岗位安全生产资格资质不符合要求	不具备岗位安全生产资格资质,引发事故发生	根据要求,取得符合本岗位要求的安全生产资格资质
2	未接受安全生产教育培训或安全生产教育培训不合格	因人员缺乏必要的安全生产教育培训,不具备岗位安全生产资格资质,引发事故发生	接受安全生产教育培训,并合格达标

续表

序号	不安全行为描述	可能导致的事故/事件	正确行为
3	未全面落实岗位安全生产职责和分管业务安全生产工作	岗位安全生产职责履行不力，分管业务安全生产管理缺失，隐患、危险多现，导致事故事件发生	按要求，充分履职尽责，全面落实分管业务安全生产工作
4	在地面积（渗）水区内倒装、运送、浇注炽热金属液	炽热金属液漏溅会造成人员灼烫	作业前，清理作业现场，保持地面干燥
5	熔炼、浇注过程中，未正确有效穿戴个人防护用品	因未佩戴齐全个人防护用品，造成眼睛、面部的灼伤和烫伤	作业时，防护眼镜或防护面罩、防砸鞋等个人防护用品佩戴使用齐全
6	熔炼工具、低压铸造升液管未进行预热、干燥，直接放入铝水、钢水中	使炽热金属液飞溅造成人员灼烫	熔炼工具、低压铸造升液管作业前按工艺技术要求进行预热、干燥
7	起吊过满的铝水、钢水浇包	炽热金属液溢出飞溅会造成人员灼烫	按工艺技术要求炽热金属液面距离浇包口距离不低于150mm
8	未使用专用吊具吊装铝水、钢水浇包	吊带断裂、炽热金属液溢出飞溅会造成人员灼烫、起重伤害	采用专用吊具进行转运浇包
9	起吊坩埚或坩埚刷涂料时电炉未断电	导致作业中电源线路漏电，造成触电事故	作业前先断电
10	铸造用金属液出炉操作时，电炉未断电	导致作业中电源线路漏电，造成触电事故	作业前先断电
11	维修低压铸造机时，未泄压就拆卸、检查、调整器件	导致作业中发生爆炸事故	维修前，设备要先泄压

5.3.22　电镀工典型不安全行为

表 5 - 36　电镀工典型不安全行为

序号	不安全行为描述	可能导致的事故/事件	正确行为
1	本岗位安全生产资格资质不符合要求	不具备岗位安全生产资格资质，引发事故发生	根据要求，取得符合本岗位要求的安全生产资格资质
2	未接受安全生产教育培训或安全生产教育培训不合格	因人员缺乏必要的安全生产教育培训，不具备岗位安全生产资格资质，引发事故发生	接受安全生产教育培训，并合格达标
3	未全面落实岗位安全生产职责和分管业务安全生产工作	岗位安全生产职责履行不力，分管业务安全生产管理缺失，隐患、危险多现，导致事故事件发生	按要求，充分履职尽责，全面落实分管业务安全生产工作
4	作业前，未检查槽液液位	槽液液位过低，作业中被蒸干导致火灾	作业前检查槽液液位在标准液位区间
5	未检查电加热镀槽的接地和漏电保护器	作业中设备漏电，因接地和漏电保护器失效，导致触电事故后果加重	作业前检查电加热镀槽的接地和漏电保护器
6	未正确穿戴个人防护用品	因个人防护不到位，能量意外释放，导致现场人员受伤事故	正确穿戴电镀作业个人防护用品
7	作业时，未控制电镀件放入速度	电镀件放入过快导致溶液外溅，造成人员灼烫	作业时，控制电镀件放入速度，保证平稳
8	更换安装加热管的镀槽槽液或热水时不切断电源	导致现场发生火灾或人员触电	更换安装加热管的镀槽槽液或热水时先切断电源

5.3.23　锻工典型不安全行为

表 5 - 37　锻工典型不安全行为

序号	不安全行为描述	可能导致的事故/事件	正确行为
1	本岗位安全生产资格资质不符合要求	不具备岗位安全生产资格资质，引发事故发生	根据要求，取得符合本岗位要求的安全生产资格资质

续表

序号	不安全行为描述	可能导致的事故/事件	正确行为
2	未接受安全生产教育培训或安全生产教育培训不合格	因人员缺乏必要的安全生产教育培训，不具备岗位安全生产资格资质，引发事故发生	接受安全生产教育培训，并合格达标
3	未全面落实岗位安全生产职责和分管业务安全生产工作	岗位安全生产职责履行不力，分管业务安全生产管理缺失，隐患、危险多现，导致事故事件发生	按要求，充分履职尽责，全面落实分管业务安全生产工作
4	未准备或换好合适的上下砧子、工装及操作机钳口，砧子未固定牢固	导致工件、锻件滑落，造成物体打击事故	根据锻造工艺要求准备或换好合适的上下砧子、工装及操作机钳口，保证砧子的锁子、楔铁坚固，不允许在上下砧子松动的情况下进行锻造
5	未对斩刀、工装、夹钳等进行预热	导致斩刀、工装、夹钳断裂，造成物体打击事故	按照要求对斩刀、工装、夹钳等进行预热
6	直接把锻件放在移动工作台上，或在左右拖板上进行锻造	导致发生灼烫事故	必须在工作台上先垫好砧子或小于砧底面积大小的平台，而后在其上进行锻造
7	未正确穿戴个人防护用品	因未佩戴齐全个人防护用品，造成烫伤、物体打击、噪声等伤害	正确穿戴工作服、安全帽、防砸鞋、隔热手套、耳塞等个人防护用品
8	进入操作室、电控室和地下泵站	导致机械伤害、触电和窒息等事故	未经允许严禁进入操作室、电控室和地下泵站
9	吊装锻件选用吊具和方法不当	导致起重伤害	吊装锻件正确选用吊具，方法得当
10	作业完成后，未将锻件、料头及时吊离工作台，未清理现场氧化皮，未关闭设备电源	导致发生灼烫、火灾事故	作业完成后，应将锻件、料头及时吊离工作台，清理现场氧化皮，关闭设备电源

5.3.24　热处理工典型不安全行为

表5－38　热处理工典型不安全行为

序号	不安全行为描述	可能导致的事故/事件	正确行为
1	本岗位安全生产资格资质不符合要求	不具备岗位安全生产资格资质，引发事故发生	根据要求，取得符合本岗位要求的安全生产资格资质
2	未接受安全生产教育培训或安全生产教育培训不合格	因人员缺乏必要的安全生产教育培训，不具备岗位安全生产资格资质，引发事故发生	接受安全生产教育培训，并合格达标
3	未全面落实岗位安全生产职责和分管业务安全生产工作	岗位安全生产职责履行不力，分管业务安全生产管理缺失，隐患、危险多现，导致事故事件发生	按要求，充分履职尽责，全面落实分管业务安全生产工作
4	作业前，未检查设备的安全状态	导致触电事故，或物体打击和机械伤害事故	作业前，检查设备的安全状态，保证电源正常，无缺相、短路或裸线等情况，接地装置、电炉丝、电源线与炉体、罩壳等搭接，炉门升降、台车进出的门机连锁等各安全防护装置有效
5	未正确穿戴个人防护用品	因未佩戴齐全个人防护用品，造成烫伤、物体打击等伤害	工作服、安全帽、防砸鞋、隔热手套、面罩等个人防护用品佩戴使用齐全
6	将带有腐蚀性、挥发性、爆炸性气体的工件放入热处理炉内，将带有易燃易爆性质的或中空密闭的零件放在炉内加热	导致火灾、爆炸事故	带有腐蚀性、挥发性、爆炸性气体的工件严禁入炉，带有易燃易爆性质的或中空密闭的零件不得放在炉内加热
7	装卸工件时未切断加热电源，工件摆放不平稳，工件超宽超高	导致触电、物体打击、烫伤事故	装卸工件时应切断加热电源，小心轻放，严禁撞击、乱抛工件；装炉时，应注意使工件摆放平稳，不要超宽超高

续表

序号	不安全行为描述	可能导致的事故/事件	正确行为
8	工件淬火油温太高	导致火灾事故	工件淬火要注意油温(不得超过80℃)
9	吊装产品选用吊具和方法不当	导致起重伤害	吊装产品正确选用吊具,方法得当
10	作业完成后,未将井式炉盖或罐盖盖好,未关闭电源	导致发生触电、摔伤等事故	作业完成后,应将井式炉盖盖好,以防人员跌入炉内或罐内造成伤害事故,关好电源,整理好设备及工作场地

5.3.25 热电池试制工 & 热电池制片岗位典型不安全行为

表 5-39 热电池试制工 & 热电池制片岗位典型不安全行为

序号	不安全行为描述	可能导致的事故/事件	正确行为
1	本岗位安全生产资格资质不符合要求	不具备岗位安全生产资格资质,引发事故发生	根据要求,取得符合本岗位要求的安全生产资格资质
2	未接受安全生产教育培训或安全生产教育培训不合格	因人员缺乏必要的安全生产教育培训,不具备岗位安全生产资格资质,引发事故发生	接受安全生产教育培训,并合格达标
3	未全面落实岗位安全生产职责和分管业务安全生产工作	岗位安全生产职责履行不力,分管业务安全生产管理缺失,隐患、危险多现,导致事故事件发生	按要求,充分履职尽责,全面落实分管业务安全生产工作
4	未正确穿戴个人防护用品	导致操作人员说话飞溅的口水、手的汗液、产生的静电接触负极粉,引起燃烧伤人,或吸入粉尘导致尘肺病	作业前正确穿戴防尘口罩(面罩)、手套、工作服、帽子、导静电鞋等个人防护用品
5	加热粉或引燃纸超量	遇明火着火引发火灾	现场加热粉或引燃纸存放限定存量

续表

序号	不安全行为描述	可能导致的事故/事件	正确行为
6	电池单装时使用易产生火花的工具敲击电池	产生火花引燃电池伤人	严禁使用易产生火花的工具敲击电池
7	电池单装时使用的电发火头未短接存放	短路引发燃烧伤人	存放电发火头时进行短接
8	压片模卡顿时用硬质金属块敲击压片模	敲击火花引燃加热粉	压片模卡顿时用紫铜锤轻敲压片模
9	上模芯放置不到位即进行压片、脱模框放置不到位即进行脱模	上模芯、脱模框异常受力炸裂，与模框间挤压引燃加热粉	上模芯放置后旋转手柄转动自如，确保放置到位再进行压片；脱模框放置到位后进行脱模
10	压机启动后将手伸入压机台面	压伤手臂、手指	压机启动后禁止将手伸入压机台面

5.3.26　复合材料制作岗位典型不安全行为

表5-40　复合材料制作岗位典型不安全行为

序号	不安全行为描述	可能导致的事故/事件	正确行为
1	本岗位安全生产资格资质不符合要求	不具备岗位安全生产资格资质，引发事故发生	根据要求，取得符合本岗位要求的安全生产资格资质
2	未接受安全生产教育培训或安全生产教育培训不合格	因人员缺乏必要的安全生产教育培训，不具备岗位安全生产资格资质，引发事故发生	接受安全生产教育培训，并合格达标
3	未全面落实岗位安全生产职责和分管业务安全生产工作	岗位安全生产职责履行不力，分管业务安全生产管理缺失，隐患、危险多现，导致事故事件发生	按要求，充分履职尽责，全面落实分管业务安全生产工作
4	作业前未检查安全防护装置是否齐全、有效	因人体部位进入旋转区，导致机械伤害事故	作业前检查安全防护装置是否齐全、有效
5	铺层作业时，未消除静电	预浸料摩擦产生静电，可造成火灾事故	作业前消除人体静电

续表

序号	不安全行为描述	可能导致的事故/事件	正确行为
6	人身体触碰高温部位	可造成烫伤事故	张贴标识，操作过程中严禁人体部位触碰高温部位
7	未正确穿戴个人防护用品	吸入复合材料打磨或切割时产生的粉尘，导致尘肺病	作业前正确穿戴工作服、防尘口罩、鞋、帽、护目镜、隔音耳塞等劳保防护用品
8	表干作业未开启风压、温控、通风装置	风压装置、温控装置失效或未通风、通风不良情况下，均可引起加热箱超温，可导致火警，烧毁设备	表干作业时开启风压、温控、通风装置
9	板材、平板型工程胶裁剪，雕刻机切割作业时手部接触旋转切割部位	可造成手部割伤	使用有保护装置的刀锯片，张贴标识，操作过程中严禁人体部位触碰旋转刀具
10	铺层作业时湿手触碰低温部位	造成冻伤	作业前保持手部干燥，防冻措施到位，并正确佩戴个人防护用品，如佩戴手套
11	热压机平板下降时操作不当，手误入模具型腔	可造成手部压伤	确保人身体部位完全离开后再按启动按钮

第6章 典型岗位典型不安全行为控制示例

6.1 普通车工典型不安全行为控制

普通车工典型不安全行为主要包括：1）作业前未正确穿戴个人防护用品；2）使用前未检查设备安全防护装置状态；3）启动前工件装卡不牢固、卡盘扳手未被取下；4）未使用专用工具清除切屑。具体的错误行为解析与正确行为指引分别如图6-1～图6-4所示。

（1）作业前未正确穿戴个人防护用品

（a）错误行为

错误行为：个人防护用品穿戴错误，如戴手套操作设备、挽起袖口操作等

后果警示语：未正确穿戴个人防护用品就暴露在职业危害场所，造成长发被设备卷入，领口、袖口、下摆被设备卷入，手套被设备卷入，吸入粉尘等事故

（b）正确行为

正确行为：作业前，正确穿戴个人防护用品，穿工作服，做到着装三紧（袖口紧、领口紧、下摆紧）；戴工作帽，且长发束在工作帽内；佩戴护目镜；不戴手套

图6-1 作业前未正确穿戴个人防护用品

(2) 使用前未检查设备安全防护装置状态

(a) 错误行为

错误行为：未检查安全防护装置与安全状态，如未检查安全防护罩是否安全有效

后果警示语：因未做好作业前检查，导致设备不具备安全作业状态，启动后发生事故

(b) 正确行为

正确行为：使用前检查设备主要部件、安全防护装置完好、有效，操控按钮无损坏、卡滞情况

图 6-2　使用前未检查设备安全防护装置状态

(3) 启动前工件装卡不牢固

(a) 错误行为

错误行为：启动前工件装卡不牢固

后果警示语：启动后工件被甩出，造成事故

(b) 正确行为

正确行为：车床启动前，工件装卡牢固

图 6-3　启动前工件装卡不牢固

（4）未使用专用工具清除切屑

错误行为：用手代替工具操作

后果警示语：用手代替工具，接触尖锐铁屑造成伤害；使用非专业工具造成事故

（a）错误行为

正确行为：使用专用工具清除切屑

（b）正确行为

图6－4　未使用专用工具清除切屑

6.2　普通铣工典型不安全行为控制

普通铣工典型不安全行为主要包括：1）作业前未正确佩戴好个人防护用品；2）作业前未检查确认安全防护装置、电源线保护套及接地保护完好可靠；3）启动前工件装卡不牢固，或未将刀具紧固扳手取下；4）未使用专用工具清除切屑。具体的错误行为解析与正确行为指引分别如图6－5～图6－8所示。

（1）作业前未正确佩戴好个人防护用品

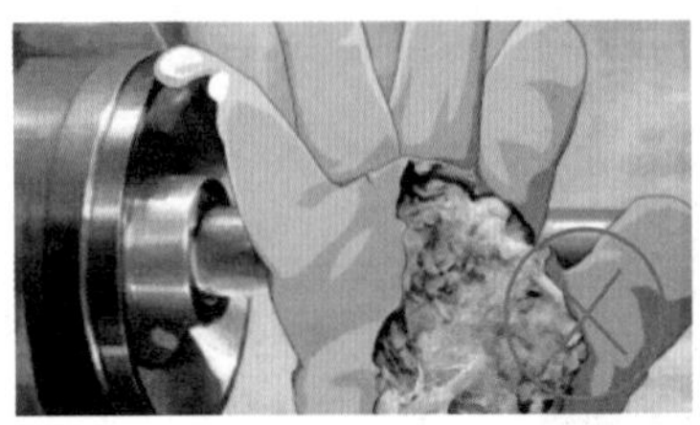
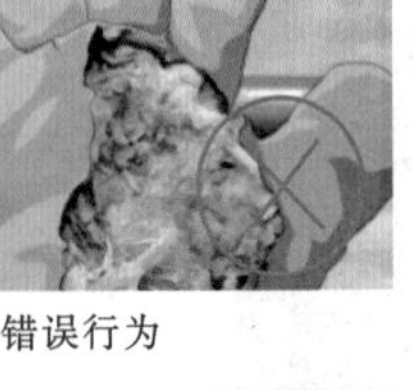

（a）错误行为

错误行为：个人防护用品穿戴错误，如戴手套操作

后果警示语：因未正确穿戴个人防护用品，暴露在职业危害场所，造成长发被设备卷入，领口、袖口、下摆被设备卷入，手套被设备卷入，吸入粉尘等事故

（b）正确行为

正确行为：作业前，正确穿戴个人防护用品，穿工作服，做到着装三紧（袖口紧、领口紧、下摆紧）；戴工作帽，且长发束在工作帽内；佩戴护目镜；不戴手套

图 6－5　作业前未正确佩戴好个人防护用品

（2）作业前未检查确认安全防护装置、电源线保护套及接地保护完好可靠

（a）错误行为

错误行为：作业前未进行作业环境安全确认与准备，如未确认应急开关、电源保护套及接地保护是否完好可靠

后果警示语：因未做好作业前检查，导致设备不具备安全作业状态，启动后发生事故

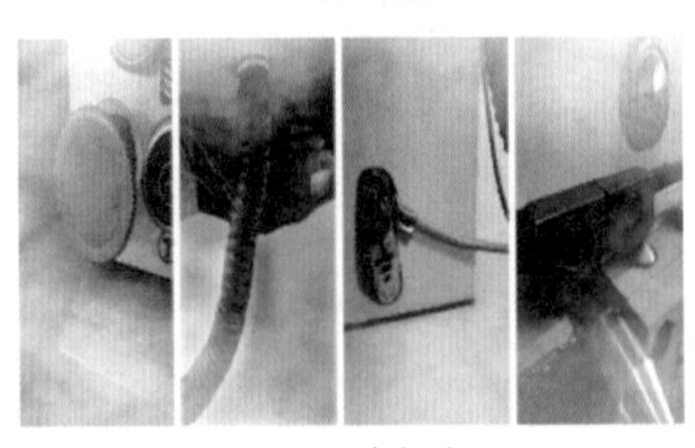

（b）正确行为

正确行为：作业前认真检查确认安全防护装置、电源线保护套及接地保护完好可靠

图 6－6　作业前未检查确认安全防护装置、电源线保护套及接地保护完好可靠

(3) 启动前工件装卡不牢固

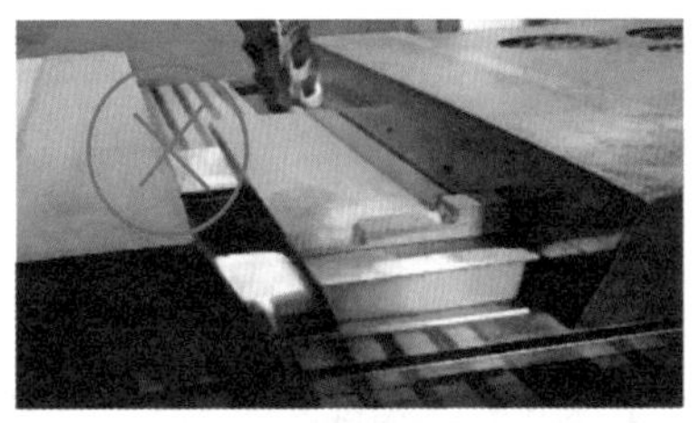

(a) 错误行为

错误行为：作业前工件没有装卡牢固

后果警示语：启动后工件被甩出造成事故

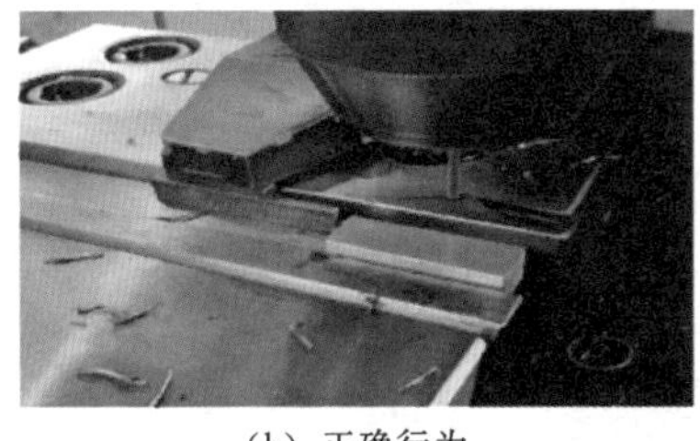

(b) 正确行为

正确行为：启动前保证工件装卡牢固

图6-7　启动前工件装卡不牢固

(4) 未使用专用工具清除切屑

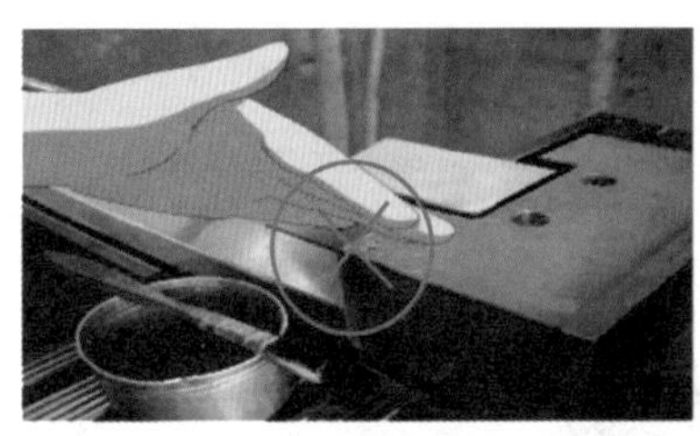

(a) 错误行为

错误行为：用手代替工具操作

后果警示语：用手代替工具，接触尖锐铁屑造成伤害；使用非专业工具造成事故

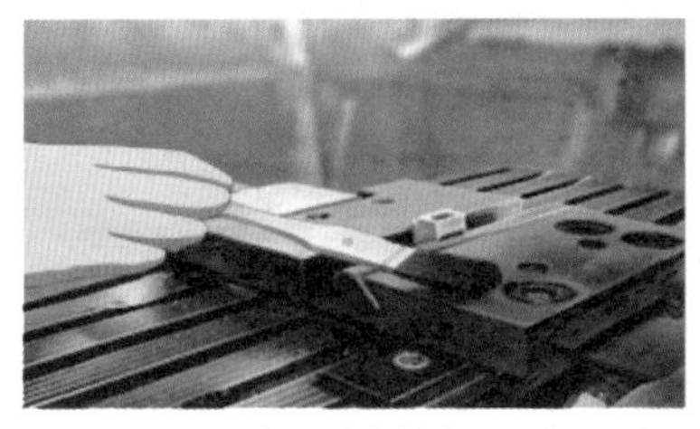

(b) 正确行为

正确行为：使用专用工具清除切屑

图6-8　未使用专用工具清除切屑

6.3 磨工典型不安全行为控制

磨工典型不安全行为主要包括：1）作业前未正确穿戴好个人防护用品；2）作业前未检查砂轮片有无裂纹；3）作业前未检查确认设备安全防护装置状态；4）作业前未检查设备除尘装置是否正常使用。具体的错误行为解析与正确行为指引分别如图 6－9～图 6－12 所示。

（1）作业前未正确穿戴好个人防护用品

错误行为：未正确穿戴个人防护用品，如戴手套操作等

后果警示语：因未正确穿戴个人防护用品，暴露在职业危害场所，造成长发被设备卷入，领口、袖口、下摆被设备卷入，手套被设备卷入，吸入粉尘等事故

（a）错误行为

正确行为：作业前，正确穿戴个人防护用品，穿工作服，做到着装三紧（袖口紧、领口紧、下摆紧）；戴工作帽，且长发束在工作帽内；佩戴护目镜；不戴手套

（b）正确行为

图 6－9 作业前未正确穿戴好个人防护用品

(2) 作业前未检查砂轮片有无裂纹

(a) 错误行为

错误行为：使用带有裂纹的砂轮

后果警示语：砂轮片存在裂纹未更换，导致作业中砂轮破损飞出伤人

(b) 正确行为

正确行为：作业前检查砂轮片有无裂纹

图 6 - 10　作业前未检查砂轮片有无裂纹

(3) 作业前未检查确认设备安全防护装置状态

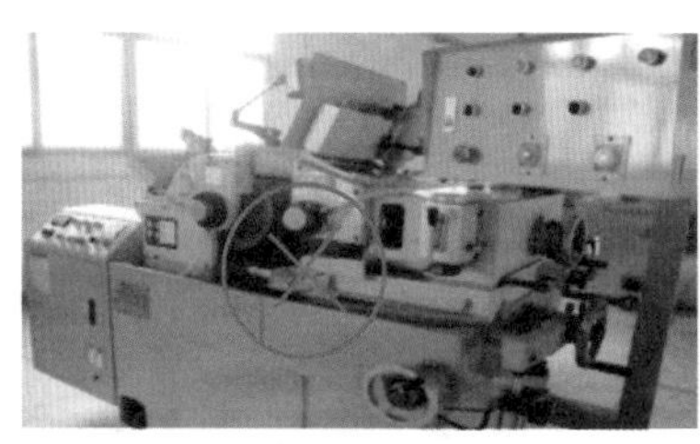

(a) 错误行为

错误行为：作业前未检查设备安全装置

后果警示语：因未做好作业前检查，导致设备不具备安全作业状态，启动后发生事故

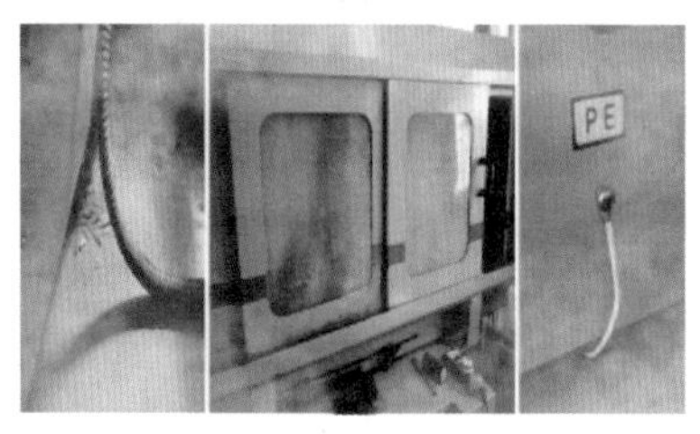

(b) 正确行为

正确行为：作业前检查确认各种保险、安全防护装置、急停按钮、电源线保护套及接地保护完好可靠

图 6 - 11　作业前未检查确认设备安全防护装置状态

（4）作业前未检查设备除尘装置是否正常使用

（a）错误行为

错误行为：作业前未检查除尘设备状态

后果警示语：作业中除尘装置失效，导致现场粉尘超标，造成人员患职业病

（b）正确行为

正确行为：作业前检查设备除尘装置是否正常使用

图 6-12 作业前未检查设备除尘装置是否正常使用

6.4 吊车工典型不安全行为控制

吊车工典型不安全行为主要包括：1）未持证上岗，未参加专项培训；2）未在使用前开展点检，未留存记录；3）未在开展吊装作业前，检查吊具安全状态，未留存记录；4）未在吊装过程遵守安全操作规程，违反“十不吊”原则。具体的错误行为解析与正确行为指引分别如图 6-13～图 6-16 所示。

(1) 未持证上岗，未参加专项培训

(a) 错误行为

错误行为：未参加培训，未持证上岗

后果警示语：关键岗位人员不具备安全作业能力，引发事故发生

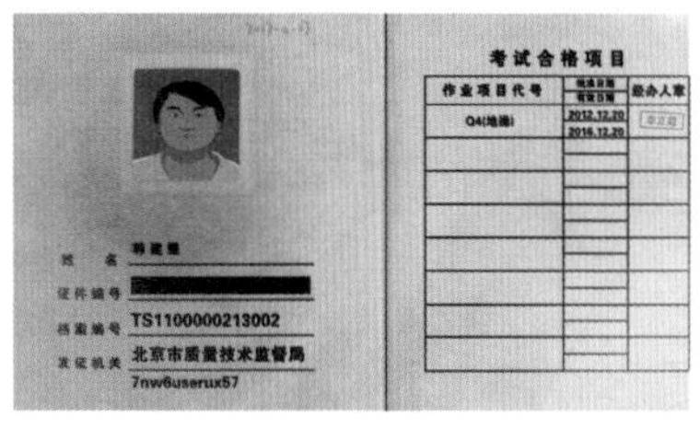

(b) 正确行为

正确行为：取得起重机操作证，每年参加单位和部门组织的专项培训

图 6－13　未持证上岗，未参加专项培训

(2) 未在使用前开展点检，未留存记录

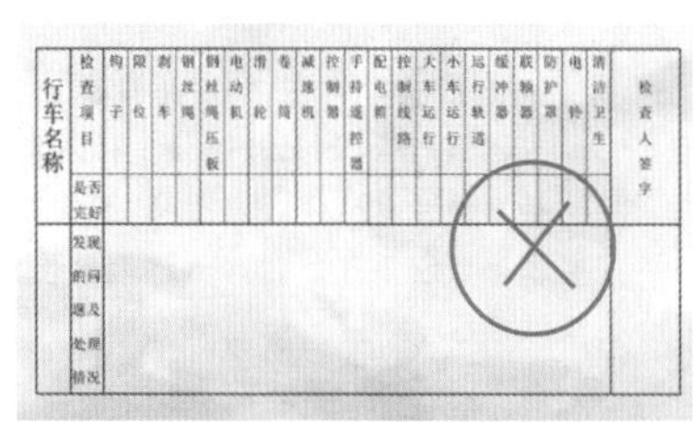

行车名称	检查项目	钩子	限位	刹车	钢丝绳	钢丝绳压板	电动机	滑轮	卷筒	减速机	控制器	手持遥控器	配电箱	控制线路	大车运行	小车运行	运行轨道	缓冲器	联锁器	防护罩	电铃	清洁卫生	检查人签字
	是否完好																						
	发现的问题及处理情况																						

(a) 错误行为

错误行为：作业前未检查，未记录

后果警示语：吊装作业现场隐患未能被及时排除治理，导致事故发生

(b) 正确行为

正确行为：使用起重机前，应按要求开展点检，发现问题及时报修

图 6－14　未在使用前开展点检，未留存记录

（3）未在开展吊装作业前，检查吊具安全状态，未留存记录

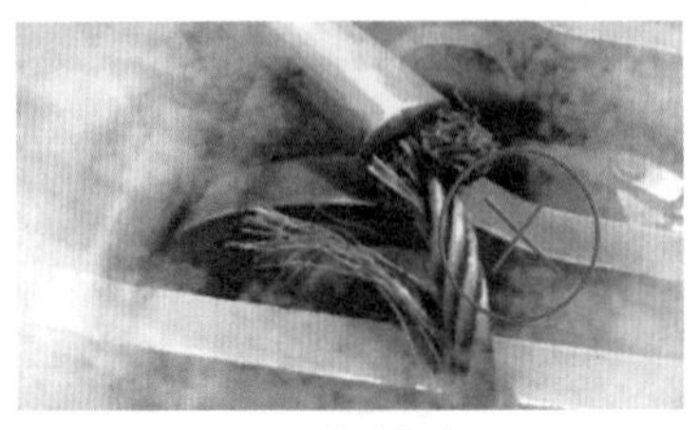

（a）错误行为

错误行为：吊装作业前未检查，未记录

后果警示语：吊具隐患未能被及时排除治理，导致事故发生

（b）正确行为

正确行为：吊装作业前，按要求检查吊具状况，发现问题及时报修处理

图 6－15　未在开展吊装作业前，检查吊具安全状态，未留存记录

（4）未在吊装过程遵守安全操作规程，违反“十不吊”原则

（a）错误行为

错误行为：违反安全操作规程，违反“十不吊”原则，如斜拉歪拽工件不吊

后果警示语：吊车工做出不安全行为，产生隐患，起重作业时，出现人员伤亡或设备损坏事故

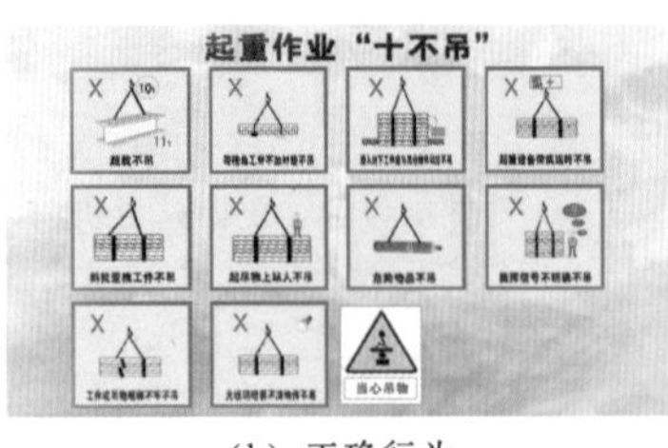

（b）正确行为

正确行为：吊装前，做好安全技术交底；吊装过程中，正确佩戴安全帽，严格遵守安全操作规程和“十不吊”要求（“十不吊”要求为：超载不吊，带棱角工件不加衬垫不吊，埋入地下工件或与其他物件钩挂不吊，起重设备带病运转不吊，斜拉歪拽工件不吊，起吊物上站人不吊，危险物品不吊，指挥信号不明确不吊，工件或吊物捆绑不牢不吊，光线阴暗看不清物件不吊）

图 6－16　未在吊装过程遵守安全操作规程，违反“十不吊”原则

6.5　电工典型不安全行为控制

电工典型不安全行为主要包括：1）电气线路布置不合理，通过通道电源线无防护措施；2）电气线路布置不合理，未安装漏电保护器；3）配电箱装配不符合标准规范；4）配电箱内未张贴开关标识，配置线路图与实际不符。具体的错误行为解析与正确行为指引分别如图6-17～图6-20所示。

（1）电气线路布置不合理，通过通道电源线无防护措施

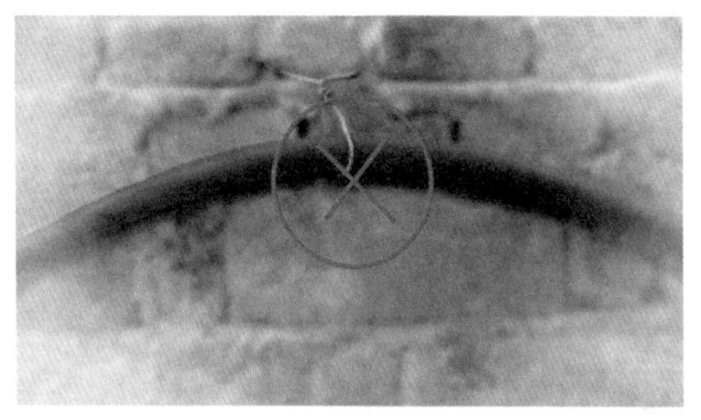

（a）错误行为

错误行为：布置电气线路无防护措施

后果警示语：经过人员误接触带电体导致触电

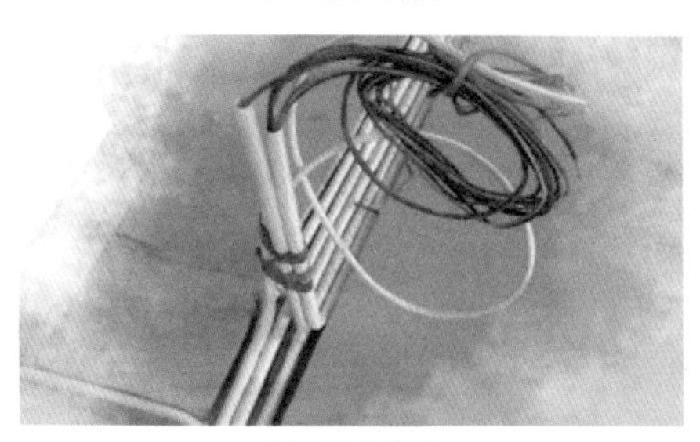

（b）正确行为

正确行为：电气线路架空布设，通过通道进行绝缘穿线防护

图6-17　电气线路布置不合理，通过通道电源线无防护措施

（2）电气线路布置不合理，未安装漏电保护器

（a）错误行为

错误行为：未安装漏电保护器

后果警示语：发生人员触电时因无断电保护，而造成人员触电

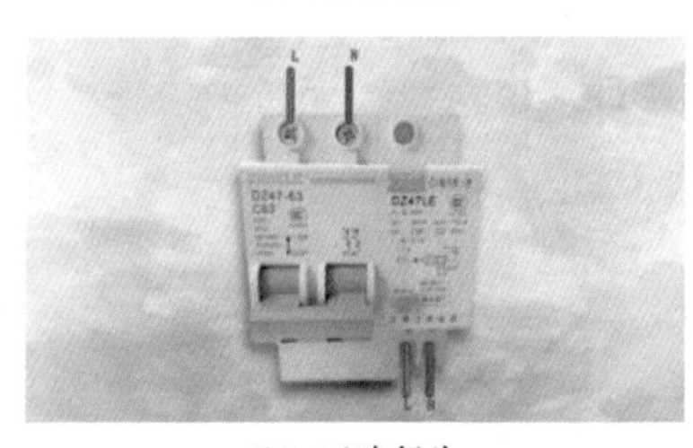

（b）正确行为

正确行为：存在漏电风险的电气设备配置漏电保护器

图 6－18　电气线路布置不合理，未安装漏电保护器

（3）配电箱装配不符合标准规范

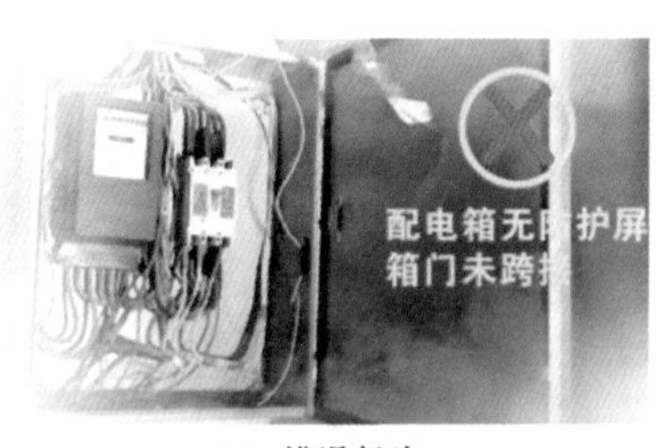

（a）错误行为

错误行为：配电箱/柜无防触电措施

后果警示语：配电箱防触电挡板未固定，配电箱跨接线连接不正确，配电箱/柜内裸露导体未屏护等，造成操作人员使用配电箱时触电

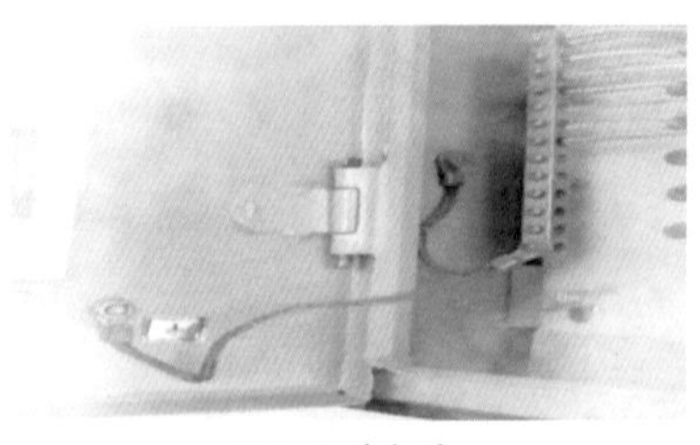

（b）正确行为

正确行为：安装配电箱时固定好防触电挡板，配电箱跨接线正确连接，对配电箱/柜内裸露导体进行有效屏护

图 6－19　配电箱装配不符合标准规范

（4）配电箱内未张贴开关标识，配置线路图与实际不符

错误行为：配电箱/柜开关标识缺失、配线图错误

后果警示语：导致操作人员误操作，开关线路送/断电，导致事故

（a）错误行为

正确行为：配线箱内所有开关明确标识，按照实际线路及标准要求绘制配置线路图

（b）正确行为

图 6-20　配电箱内未张贴开关标识，配置线路图与实际不符

6.6　冲压工典型不安全行为控制

冲压工典型不安全行为主要包括：1）作业前未检查设备安全防护系统状况；2）作业前未检查电气设备状态；3）未正确固定模具螺栓；4）作业中人员肢体进入冲压运行区域。具体的错误行为解析与正确行为指引分别如图 6-21～图 6-24 所示。

(1) 作业前未检查设备安全防护系统状况

(a) 错误行为

错误行为：作业前未检查设备安全防护系统状况

后果警示语：发生异常情况无法起到保护作用

(b) 正确行为

正确行为：作业前检查设备安全防护系统状况

图 6-21　作业前未检查设备安全防护系统状况

(2) 作业前未检查电气设备状态

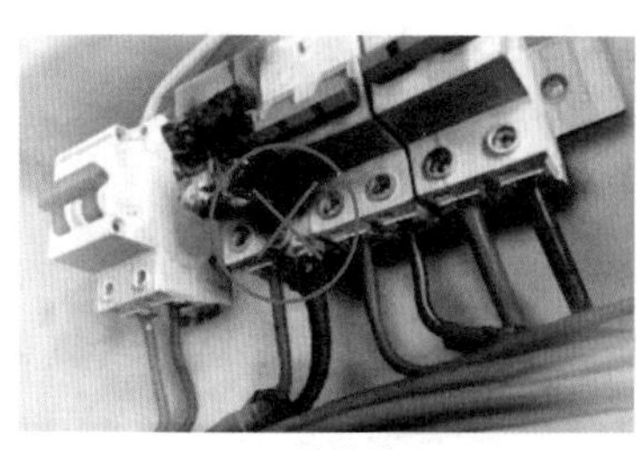

(a) 错误行为

错误行为：作业前未检查电气设备状态

后果警示语：漏电导致人员触电事故

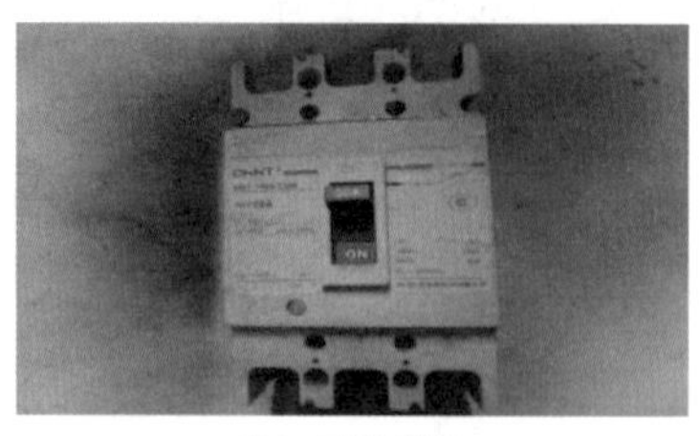

(b) 正确行为

正确行为：作业前检查电气设备状态

图 6-22　作业前未检查电气设备状态

(3) 未正确固定模具螺栓

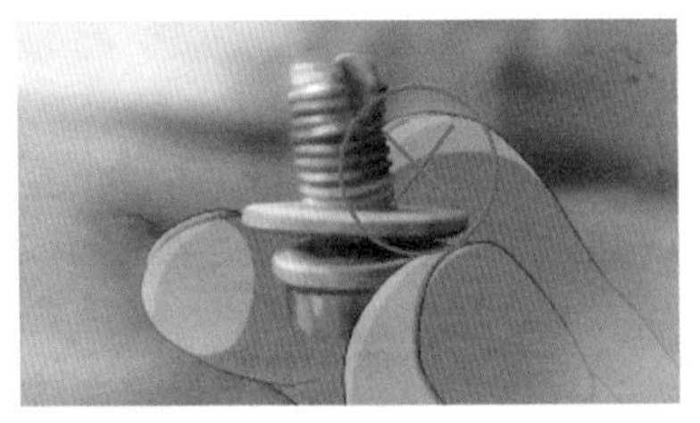

(a) 错误行为

错误行为：随意移动模具螺栓

后果警示语：冲压运行时导致模具受力不均发生迸射伤人

(b) 正确行为

正确行为：装模具螺栓必须固定，严禁私自移动

图 6-23　未正确固定模具螺栓

(4) 作业中人员肢体进入冲压运行区域

(a) 错误行为

错误行为：肢体进入危险运行区域

后果警示语：人员肢体被冲压

(b) 正确行为

正确行为：严禁作业中人员肢体进入冲压运行区域

图 6-24　作业中人员肢体进入冲压运行区域

6.7 试验人员典型不安全行为控制

试验人员典型不安全行为主要包括：1）未检查试验设备安全防护装置、自动报警系统的完好性；2）未检查试验设备电气绝缘及接地保护系统的完好可靠性；3）将易燃易爆物品放入高温试验设备中；4）试验设备运行过程中人体进入运行区域；5）试验过程中注意力不集中；6）试验结束后未关闭能量源。具体的错误行为解析与正确行为指引分别如图6－25～图6－30所示。

（1）未检查试验设备安全防护装置、自动报警系统的完好性

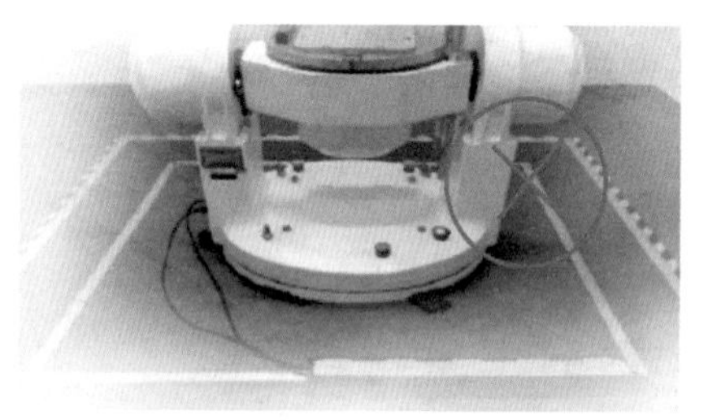

（a）错误行为

错误行为：作业前，作业人员未检查安全防护装置、自动报警系统的完好性

后果警示语：导致出现异常情况无法发出报警信息、防护缺失，引发事故

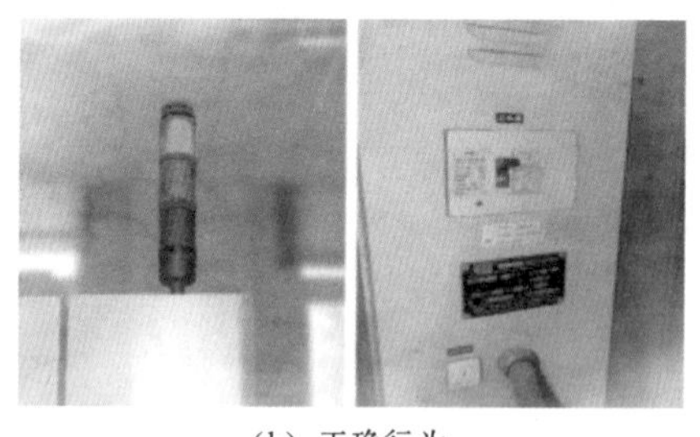

（b）正确行为

正确行为：定期检查试验设备安全防护装置、自动报警系统的完好性

图6－25　未检查试验设备安全防护装置、自动报警系统的完好性

（2）未检查试验设备电气绝缘及接地保护系统的完好可靠性

（a）错误行为

错误行为：未检查电气安全系统

后果警示语：造成漏电导致人员触电

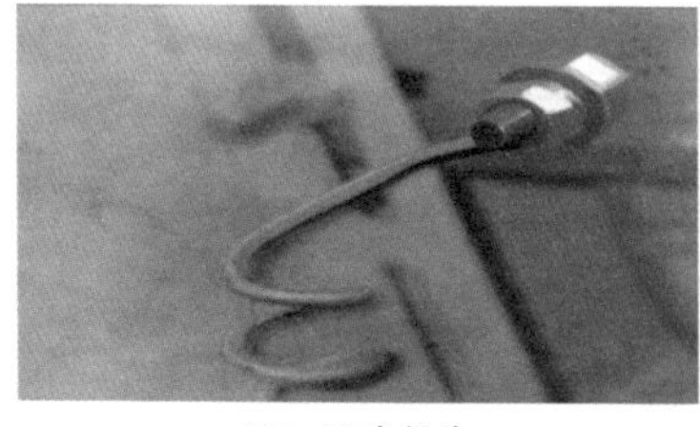

（b）正确行为

正确行为：定期检查试验设备电气绝缘及接地保护系统的完好可靠性

图 6－26　未检查试验设备电气绝缘及接地保护系统的完好可靠性

（3）将易燃易爆物品放入高温试验设备中

（a）错误行为

错误行为：将易燃易爆物品放入高温环境

后果警示语：引发火灾爆炸事故

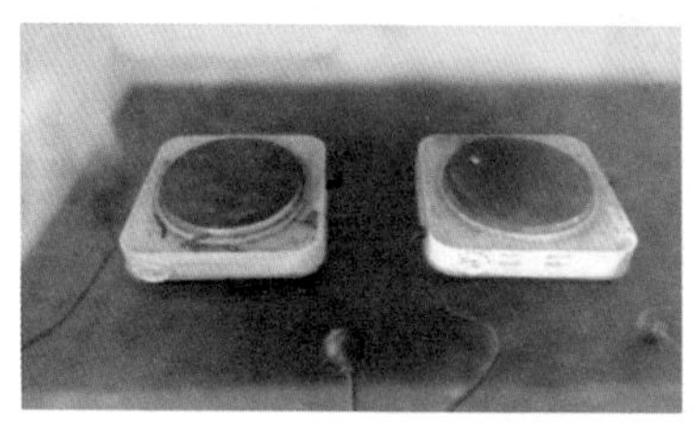

（b）正确行为

正确行为：严禁将易燃易爆物品放入高温试验设备中

图 6－27　将易燃易爆物品放入高温试验设备中

(4) 试验设备运行过程中人体进入运行区域

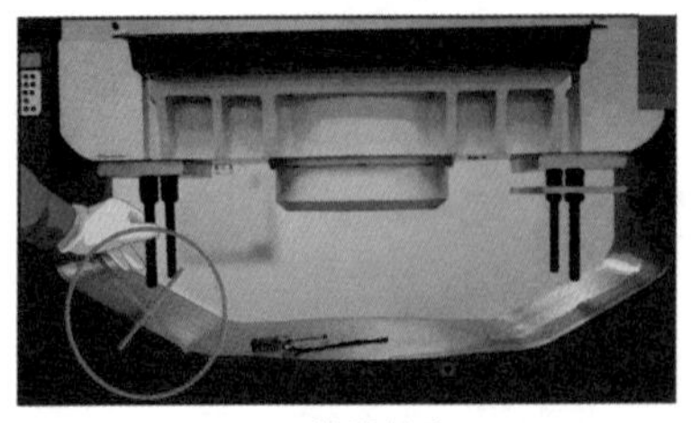

(a) 错误行为

错误行为：人体进入危险运行区域

后果警示语：导致人体受到机械伤害

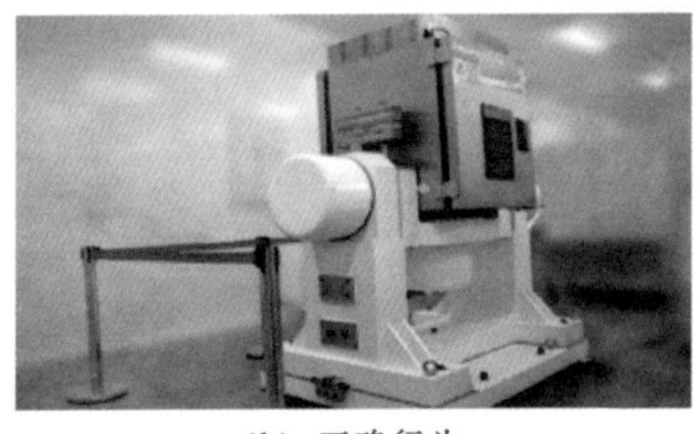

(b) 正确行为

正确行为：试验设备运行过程中禁止人体进入运行区域

图 6-28　试验设备运行过程中人体进入运行区域

(5) 试验过程中，注意力不集中

(a) 错误行为

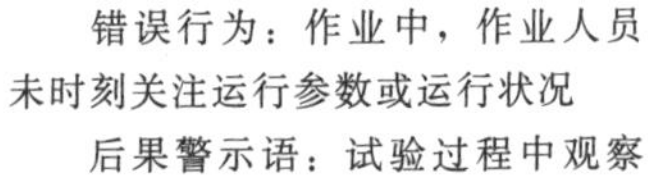

错误行为：作业中，作业人员未时刻关注运行参数或运行状况

后果警示语：试验过程中观察显示屏运行参数变化或设备运行异常情况时，注意力不集中，导致异常情况未被及时发现，引发事故

(b) 正确行为

正确行为：试验过程中时刻注意显示屏运行参数变化或设备运行异常情况

图 6-29　试验过程中，注意力不集中

（6）试验结束后未关闭能量源

错误行为：作业后未关闭能量源

后果警示语：导致设备停机后携带电能、化学能，人员误操作导致事故发生

（a）错误行为

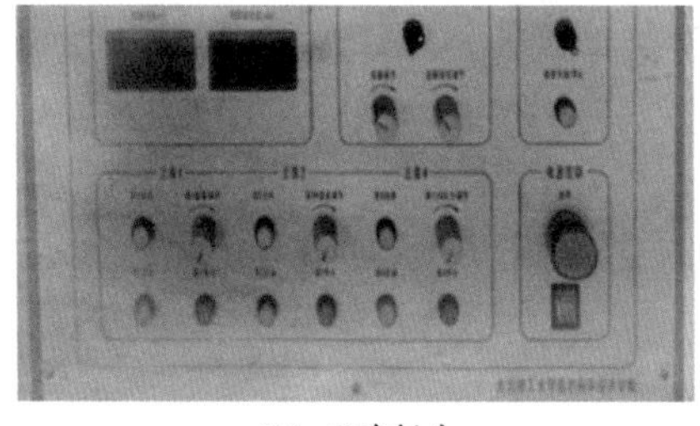

正确行为：试验结束后必须关闭能量源

（b）正确行为

图6-30 试验结束后未关闭能量源

6.8 锻工典型不安全行为控制

锻工典型不安全行为主要包括：1）未准备或换好合适的上下砧子、工装及操作机钳口，砧子未固定牢固；2）未对斩刀、工装、夹钳等进行预热；3）直接把锻件放在移动工作台上，或在左右拖板上进行锻造；4）未正确穿戴个人防护用品；5）进入操作室、电控室和地下泵站；6）吊装锻件选用吊具和方法不当；7）作业完成后，未将锻件、料头及时吊离工作台，未清理现场氧化皮，未关闭设备电源。具体的错误行为解析与正确行为指引分别如图6-31～图6-37所示。

(1) 未准备或换好合适的上下砧子、工装及操作机钳口，砧子未固定牢固

(a) 错误行为

错误行为：未准备或换好合适的上下砧子、工装及操作机钳口，砧子未固定牢固

后果警示语：导致工件、锻件滑落，造成物体打击事故

(b) 正确行为

正确行为：根据锻造工艺要求准备或换好合适的上下砧子、工装及操作机钳口，保证砧子的锁子、楔铁坚固，不允许在上下砧子松动的情况下进行锻造

图 6-31 未准备或换好合适的上下砧子、工装及操作机钳口，砧子未固定牢固

(2) 未对斩刀、工装、夹钳等进行预热

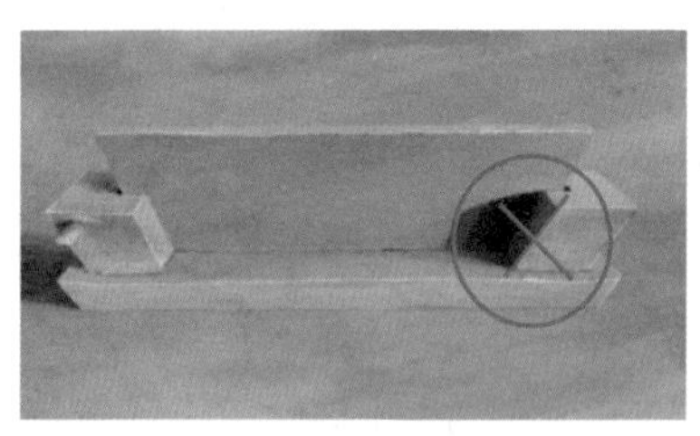

(a) 错误行为

错误行为：未对斩刀、工装、夹钳等进行预热

后果警示语：导致斩刀、工装、夹钳断裂，造成物体打击事故

(b) 正确行为

正确行为：按照要求对斩刀、工装、夹钳等进行预热

图 6-32 未对斩刀、工装、夹钳等进行预热

(3) 直接把锻件放在移动工作台上，或在左右拖板上进行锻造

(a) 错误行为

错误行为：直接把锻件放在移动工作台上，或在左右拖板上进行锻造

后果警示语：导致发生灼烫事故

(b) 正确行为

正确行为：必须在工作台上先垫好砧子或小于砧底面积大小的平台，而后在其上进行锻造

图6-33　直接把锻件放在移动工作台上，或在左右拖板上进行锻造

(4) 未正确穿戴个人防护用品

(a) 错误行为

错误行为：未正确穿戴个人防护用品

后果警示语：因未佩戴齐全个人防护用品，造成烫伤、物体打击、噪声等伤害

(b) 正确行为

正确行为：正确穿戴工作服、安全帽、防砸鞋、隔热手套、耳塞等个人防护用品

图6-34　未正确穿戴个人防护用品

(5) 进入操作室、电控室和地下泵站

(a) 错误行为

错误行为：锻造作业时，进入操作室、电控室和地下泵站

后果警示语：导致机械伤害、触电和窒息等事故

(b) 正确行为

正确行为：未经允许严禁进入操作室、电控室和地下泵站

图 6-35 进入操作室、电控室和地下泵站

(6) 吊装锻件选用吊具和方法不当

(a) 错误行为

错误行为：吊装锻件选用吊具和方法不当

后果警示语：导致起重伤害

(b) 正确行为

正确行为：吊装锻件正确选用吊具，方法得当

图 6-36 吊装锻件选用吊具和方法不当

(7) 作业完成后，未将锻件、料头及时吊离工作台，未清理现场氧化皮，未关闭设备电源

(a) 错误行为

错误行为：作业完成后，未将锻件、料头及时吊离工作台，未清理现场氧化皮，未关闭设备电源

后果警示语：导致灼烫、火灾事故

(b) 正确行为

正确行为：作业完成后，应将锻件、料头及时吊离工作台，清理现场氧化皮，关闭设备电源

图 6－37　作业完成后，未将锻件、料头及时吊离工作台，未清理现场氧化皮，未关闭设备电源

6.9　热处理工典型不安全行为控制

热处理工典型不安全行为主要包括：1）作业前，未检查设备的安全状态；2）未正确穿戴个人防护用品；3）将带有腐蚀性、挥发性、爆炸性气体的工件放入热处理炉内，将带有易燃易爆性质的或中空密闭的零件放在炉内加热；4）装卸工件时未切断加热电源，工件摆放不平稳，工件超宽超高；5）工件淬火油温太高；6）吊装产品选用吊具和方法不当；7）作业完成后，未将井式炉盖或罐盖盖好，未关闭电源。具体的错误行为解析与正确行为指引分别如图 6－38～图 6－44 所示。

（1）作业前，未检查设备的安全状态

（a）错误行为

错误行为：作业前，未检查设备的安全状态

后果警示语：导致触电事故，或物体打击和机械伤害事故

（b）正确行为

正确行为：作业前，检查设备的安全状态，保证电源正常，无缺相、短路或裸线等情况，接地装置、电炉丝、电源线与炉体、罩壳等搭接，炉门升降、台车进出的门机连锁等各安全防护装置有效

图 6－38　作业前，未检查设备的安全状态

（2）未正确穿戴个人防护用品

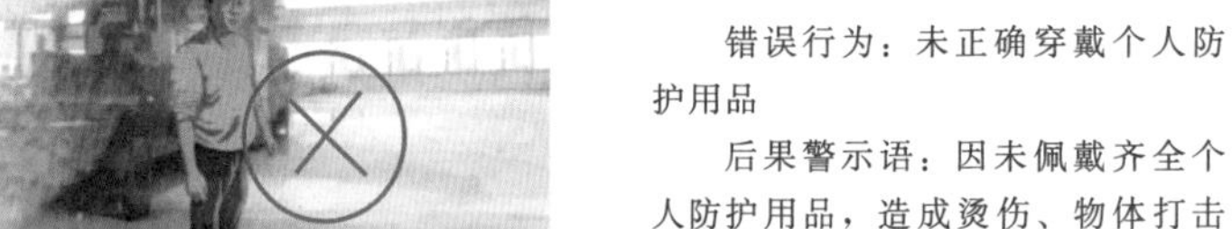

（a）错误行为

错误行为：未正确穿戴个人防护用品

后果警示语：因未佩戴齐全个人防护用品，造成烫伤、物体打击等伤害

（b）正确行为

正确行为：工作服、安全帽、防砸鞋、隔热手套、面罩等个人防护用品佩戴使用齐全

图 6－39　未正确穿戴个人防护用品

（3）将带有腐蚀性、挥发性、爆炸性气体的工件放入热处理炉内，将带有易燃易爆性质的或中空密闭的零件放在炉内加热

（a）错误行为

错误行为：将带有腐蚀性、挥发性、爆炸性气体的工件放入热处理炉内，将带有易燃易爆性质的或中空密闭的零件放在炉内加热

后果警示语：导致火灾、爆炸事故

（b）正确行为

正确行为：带有腐蚀性、挥发性、爆炸性气体的工件严禁入炉，带有易燃易爆性质的或中空密闭的零件不得放在炉内加热

图6-40　将带有腐蚀性、挥发性、爆炸性气体的工件放入热处理炉内，将带有易燃易爆性质的或中空密闭的零件放在炉内加热

（4）装卸工件时未切断加热电源，工件摆放不平稳，工件超宽超高

（a）错误行为

错误行为：装卸工件时未切断加热电源，工件摆放不平稳，工件超宽超高

后果警示语：导致触电、物体打击、烫伤事故

（b）正确行为

正确行为：装卸工件时应切断加热电源，小心轻放，严禁撞击、乱抛工件；装炉时，应注意使工件摆放平稳，不要超宽超高

图6-41　装卸工件时未切断加热电源，工件摆放不平稳，工件超宽超高

(5) 工件淬火油温太高

(a) 错误行为

错误行为：热处理作业时，工件淬火油温太高

后果警示语：导致火灾事故

(b) 正确行为

正确行为：工件淬火要注意油温（不得超过80℃）

图6-42　工件淬火油温太高

(6) 吊装产品选用吊具和方法不当

(a) 错误行为

错误行为：吊装产品选用吊具和方法不当

后果警示语：导致起重伤害

(b) 正确行为

正确行为：吊装产品正确选用吊具，方法得当

图6-43　吊装产品选用吊具和方法不当

(7) 作业完成后，未将井式炉盖或罐盖盖好，未关闭电源

(a) 错误行为

错误行为：作业完成后，未将井式炉盖或罐盖盖好，未关闭电源

后果警示语：导致发生触电、摔伤等事故

(b) 正确行为

正确行为：作业完成后，应将井式炉盖盖好，以防人员跌入炉内或罐内造成伤害事故，关好电源，整理好设备及工作场地

图 6-44　作业完成后，未将井式炉盖或罐盖盖好，未关闭电源

6.10　复合材料制作岗位典型不安全行为控制

复合材料制作岗位典型不安全行为主要包括：1）作业前未检查安全防护装置是否齐全、有效；2）铺层作业时，未消除静电；3）人身体触碰高温部位；4）未正确穿戴个人防护用品；5）表干作业未开启风压、温控、通风装置；6）板材、平板型工程胶裁剪，雕刻机切割作业时手部接触旋转切割部位；7）铺层作业时湿手触碰低温部位；8）热压机平板下降时操作不当，手误入模具型腔。具体的错误行为解析与正确行为指引分别如图 6-45～图 6-52 所示。

(1) 作业前未检查安全防护装置是否齐全、有效

(a) 错误行为

错误行为：作业前未检查安全防护装置是否齐全、有效

后果警示语：因人体部位进入旋转区，导致机械伤害事故

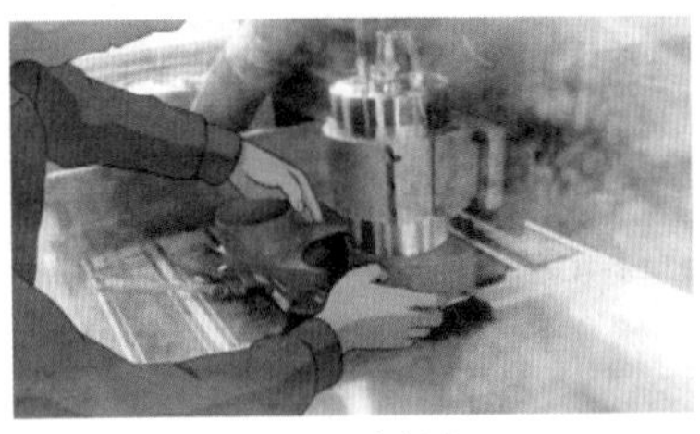

(b) 正确行为

正确行为：作业前检查安全防护装置是否齐全、有效

图 6-45 作业前未检查安全防护装置是否齐全、有效

(2) 铺层作业时，未消除静电

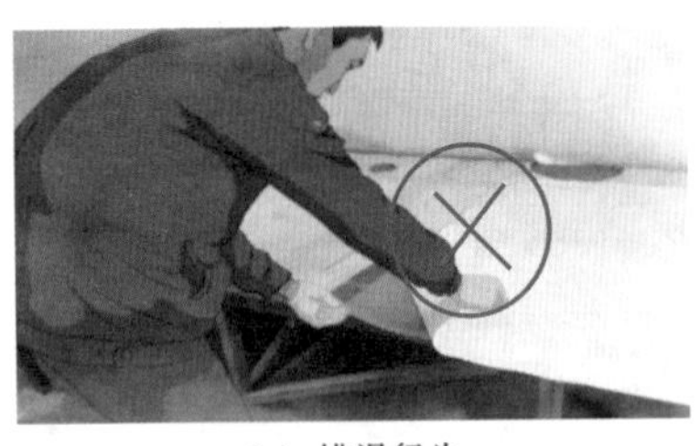

(a) 错误行为

错误行为：铺层作业时，未消除静电

后果警示语：预浸料摩擦产生静电，可造成火灾事故

(b) 正确行为

正确行为：作业前消除人体静电

图 6-46 铺层作业时，未消除静电

（3）人身体触碰高温部位

（a）错误行为

错误行为：人身体触碰加热或高温保温过程中的烘箱

后果警示语：可造成烫伤事故

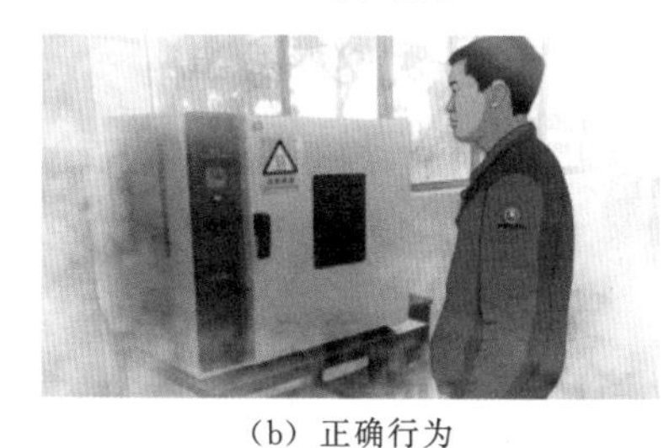

（b）正确行为

正确行为：张贴标识，操作过程中严禁人体部位触碰高温部位

图 6－47　人身体触碰高温部位

（4）未正确穿戴个人防护用品

（a）错误行为

错误行为：未正确穿戴个人防护用品

后果警示语：吸入复合材料打磨或切割时产生的粉尘，导致尘肺病

（b）正确行为

正确行为：作业前正确穿戴工作服、防尘口罩、鞋、帽、护目镜、隔音耳塞等劳保防护用品

图 6－48　未正确穿戴个人防护用品

（5）表干作业未开启风压、温控、通风装置

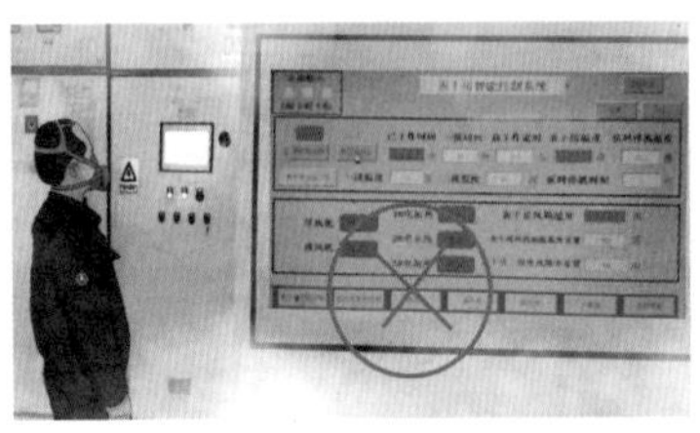

（a）错误行为

错误行为：表干作业未开启风压、温控、通风装置

后果警示语：风压装置、温控装置失效或未通风、通风不良情况下，均可引起加热箱超温，可导致火警，烧毁设备

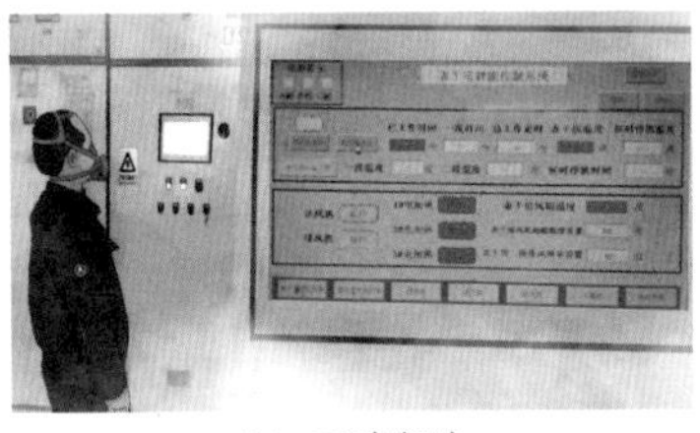

（b）正确行为

正确行为：表干作业时开启风压、温控、通风装置

图 6－49　表干作业未开启风压、温控、通风装置

（6）板材、平板型工程胶裁剪，雕刻机切割作业时手部接触旋转切割部位

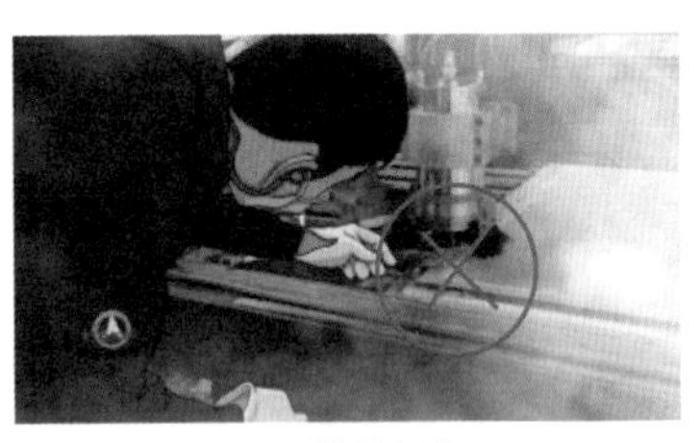

（a）错误行为

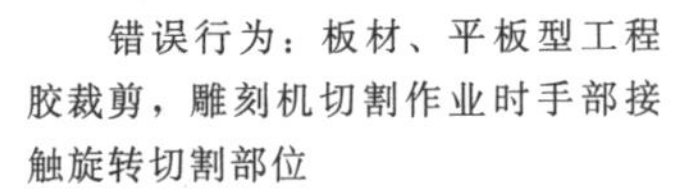

错误行为：板材、平板型工程胶裁剪，雕刻机切割作业时手部接触旋转切割部位

后果警示语：可造成手部割伤

（b）正确行为

正确行为：使用有保护装置的刀锯片，张贴标识，操作过程中严禁人体部位触碰旋转刀具

图 6－50　板材、平板型工程胶裁剪，雕刻机切割作业时手部接触旋转切割部位

(7) 铺层作业时湿手触碰低温部位

(a) 错误行为

错误行为：铺层作业时湿手触碰低温部位

后果警示语：造成冻伤

(b) 正确行为

正确行为：作业前保持手部干燥，防冻措施到位，并正确佩戴个人防护用品，如佩戴手套

图 6-51　铺层作业时湿手触碰低温部位

(8) 热压机平板下降时操作不当，手误入模具型腔

(a) 错误行为

错误行为：热压机平板下降时操作不当，手误入模具型腔

后果警示语：可造成手部压伤

(b) 正确行为

正确行为：确保人身体部位完全离开后再按启动按钮

图 6-52　热压机平板下降时操作不当，手误入模具型腔

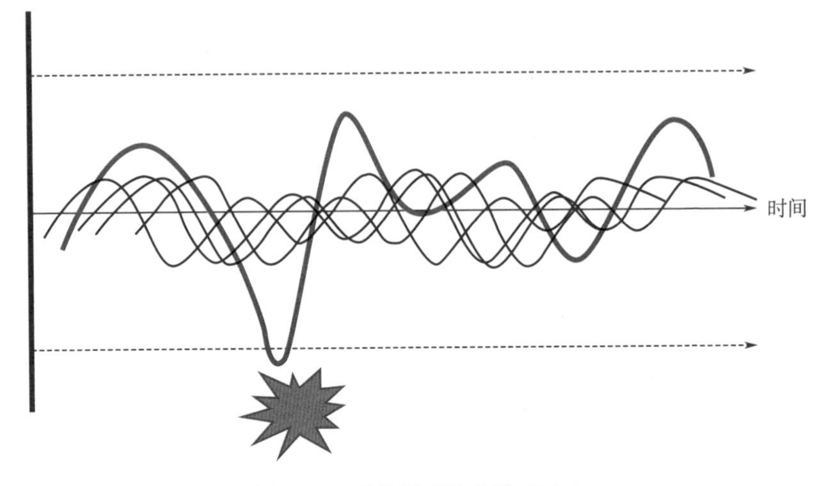

图 2-8　系统模型示意图（P20）

图 3-4　STOP6 活动（P38）

附　录

附录A 《企业职工伤亡事故分类》（GB 6441—86）对不安全行为的描述

7.01　操作错误，忽视安全，忽视警告

7.01.1　未经许可开动、关停、移动机器

7.01.2　开动、关停机器时未给信号

7.01.3　开关未锁紧，造成意外转动、通电或泄漏等

7.01.4　忘记关闭设备

7.01.5　忽视警告标志、警告信号

7.01.6　操作错误（指按钮、阀门、扳手、把柄等的操作）

7.01.7　奔跑作业

7.01.8　供料或送料速度过快

7.01.9　机械超速运转

7.01.10　违章驾驶机动车

7.01.11　酒后作业

7.01.12　客货混载

7.01.13　冲压机作业时，手伸进冲压模

7.01.14　工件紧固不牢

7.01.15　用压缩空气吹铁屑

7.01.16　其他

7.02　造成安全装置失效

7.02.1　拆除了安全装置

7.02.2　安全装置堵塞，失掉了作用

7.02.3 调整的错误造成安全装置失效

7.02.4 其他

7.03 使用不安全设备

7.03.1 临时使用不牢固的设施

7.03.2 使用无安全装置的设备

7.03.3 其他

7.04 手代替工具操作

7.04.1 用手代替手动工具

7.04.2 用手清除切屑

7.04.3 不用夹具固定、用手拿工件进行机加工

7.05 物体（指成品、半成品、材料、工具、切屑和生产用品等）存放不当

7.06 冒险进入危险场所

7.06.1 冒险进入涵洞

7.06.2 接近漏料处（无安全设施）

7.06.3 采伐、集材、运材、装车时，未离危险区

7.06.4 未经安全监察人员允许进入油罐或井中

7.06.5 未“敲帮问顶”开始作业

7.06.6 冒进信号

7.06.7 调车场超速上下车

7.06.8 易燃易爆场合明火

7.06.9 私自搭乘矿车

7.06.10 在绞车道行走

7.06.11 未及时瞭望

7.08 攀、坐不安全位置（如平台护栏、汽车挡板、吊车吊钩）

7.09 在起吊物下作业、停留

7.10 机器运转时加油、修理、检查、调整、焊接、清扫等工作

7.11 有分散注意力行为

7.12 在必须使用个人防护用品用具的作业或场合中，忽视其使用

7.12.1 未戴护目镜或面罩

7.12.2 未戴防护手套

7.12.3 未穿安全鞋

7.12.4 未戴安全帽

7.12.5 未佩戴呼吸护具

7.12.6 未佩戴安全带

7.12.7 未戴工作帽

7.12.8 其他

7.13 不安全装束

7.13.1 在有旋转零部件的设备旁作业穿过肥大服装

7.13.2 操纵带有旋转零部件的设备时戴手套

7.13.3 其他

7.14 对易燃、易爆等危险物品处理错误

附录B 《生产过程危险和有害因素分类与代码》(GB/T 13861—2009)对不安全行为的描述

11 心理、生理性危险和有害因素
1101 负荷超限
110101 体力负荷超限
110102 听力负荷超限
110103 视力负荷超限
110199 其他负荷超限
1102 健康状况异常
1103 从事禁忌作业
1104 心理异常
110401 情绪异常
110402 冒险心理
110403 过度紧张
110499 其他心理异常
1105 辨识功能缺陷
110501 感知延迟
110502 辨识错误
110599 其他辨识功能缺陷
1199 其他心理、生理性危险和有害因素
12 行为性危险和有害因素
1201 指挥错误
120101 指挥失误
120102 违章指挥
120199 其他指挥错误

1202　操作错误

120201　误操作

120202　违章作业

120299　其他操作错误

1203　监护失误

1299　其他行为性危险和有害因素

附录C 国际大公司良好作业实践对不安全行为的描述

1. 遵守工作程序方面 Following Procedures

1－1 个人违规 Violation by individual

1－2 集体违规 Violation by group

1－3 监督违规 Violation by supervisor

1－4 未经许可操作设备 Operation of equipment without authority

1－5 工作位置或姿态不正确 Improper position or posture for the task

1－6 超体能工作 Overexertion of physical capability

1－7 工作或运载速度不适宜 Work or motion at improper speed

1－8 提升欠妥 Improper lifting

1－9 加载欠妥 Improper loading

1－10 走捷径 Shortcuts

1－11 其他项 Other

2. 工具或设备使用 Use of Tools or Equipment

2－1 设备使用欠妥 Improper use of equipment

2－2 工具使用欠妥 Improper use of tools

2－3 使用有缺陷设备（明知）Use of defective equipment (aware)

2－4 使用有缺陷工具（明知）Use of defective tools (aware)

2－5 工具、设备和材料放置欠妥 Improper placement of tools, equipment or materials

2－6 设备操作速度欠妥 Operation of equipment at improper speed

2－7 对正在运行的设备进行维修 Servicing of equipment in operation

2－8 其他项 Other

3. 保护方法的使用 Use of Protective Methods

3－1 对目前的危险缺乏知识 Lack of knowledge of hazards present

3-2　个人保护设备尚未使用 Personal protective equipment not used

3-3　个人保护设备使用不正确 Improper use of proper personal protective equipment

3-4　动力设备维修保养 Servicing of energized equipment

3-5　设备和材料未能固定 Equipment or materials not secured

3-6　保护装置、警示系统或安全装置失效 Disabled guards，warning systems or safety devices

3-7　保护装置、警示系统、安全装置拆卸 Removal of guards，warning systems or safety devices

3-8　没有个人保护设备 Personal protective equipment not available

3-9　其他项 Other

4. 疏忽/意识缺乏 Inattention / Lack of Awareness

4-1　决定欠妥或缺乏判断 Improper decision making or lack of judgment

4-2　注意力分散 Distracted by other concerns

4-3　忽视地面和周围环境 Inattention to footing and surroundings

4-4　嬉闹 Horseplay

4-5　暴力行为 Acts of violence

4-6　未作警告 Failure to warn

4-7　使用药物或酒精 Use of drugs or alcohol

4-8　无意识地进行常规活动 Routine activity without thought

4-9　其他项 Other

附录D 安全生产责任

2013年7月18日，中共中央政治局常委会召开第28次会议，习近平总书记在听取国家安全生产监督管理总局汇报后，严肃并明确指出：各级党委和政府要增强责任意识。落实安全生产责任制，要落实行业主管部门直接监管、安全监管部门综合监管、地方政府属地监管，坚持管行业必须管安全、管业务必须管安全、管生产经营必须管安全，而且要党政同责、一岗双责、齐抓共管。

本书依据《中华人民共和国安全生产法》（以下简称《安全生产法》）、《中华人民共和国刑法》（以下简称《刑法》）、《国务院关于特大安全事故行政责任追究的规定》（国务院令第302号，2001年）、《工伤保险条例》、《最高人民法院关于审理人身损害赔偿案件适用法律若干问题的解释》（法释〔2003〕20号）、《最高人民法院、最高人民检察院关于办理危害矿山生产安全刑事案件具体应用法律若干问题的解释》（法释〔2007〕5号）、《最高人民检察院、公安部关于公安机关管辖的刑事案件立案追诉标准的规定（一）》（公通字〔2008〕36号）、《最高人民法院印发〈关于进一步加强危害生产安全刑事案件审判工作的意见〉的通知》（法发〔2011〕20号）、《最高人民法院、最高人民检察院、公安部、国家安全监管总局关于依法加强对涉嫌犯罪的非法生产经营烟花爆竹行为刑事责任追究的通知》（安监总管三〔2012〕116号）、《国务院安全生产委员会关于印发〈国务院安全生产委员会成员单位安全生产工作职责分工〉的通知》（安委〔2015〕5号）、《安全生产监管监察职责和行政执法责任追究的暂行规定》（安监总局令第24号）、《安全生产领域违法违纪行为政纪处分暂行规定》（监察部、安监总局第11号令）、《安全生产领域违纪行为适用〈中国共产党纪律处分条例〉若干问题的解释》（中纪发〔2007〕17号）、《关于实行党政领导干部问责的暂行规定》（中办、国办，2009 年)、《非法用工单位伤亡人员一次性赔偿办法》(人力资源和社会保障部令第 9 号)，将安全生产责任进行划分。按责任层面划分，将安全生产责任划分为企业主体责任、部门监管责任、政府属地管理责任；按法律责任形式划分，将安全生产责任划分为刑事责任、行政责任、民事责任。

一、安全生产三个层面的责任

(一) 企业主体责任

企业主体责任是指企业遵守有关安全生产法律法规的规定，加强安全生产管理，建立安全生产责任制，完善安全生产条件，执行国家、行业标准确保安全生产，以及事故报告、救援和善后赔偿的责任。

生产经营单位对全员实行安全生产责任制、对全员进行安全生产考核。包括有关分管负责人、职能部门负责人、生产车间(班组)负责人及从业人员在内的全体人员，都有安全生产职责，都是“一岗双责”。

《安全生产法》第 4 条：生产经营单位必须遵守本法和其他有关安全生产的法律、法规，加强安全生产管理，建立、健全安全生产责任制和安全生产规章制度，改善安全生产条件，推进安全生产标准化建设，提高安全生产水平，确保安全生产。

《安全生产法》第 5 条：生产经营单位的主要负责人对本单位的安全生产工作全面负责。

1. 企业安全生产主体责任的主要内容

《安全生产法》第 17 条：生产经营单位应当具备本法和有关法律、行政法规和国家标准或者行业标准规定的安全生产条件；不具备安全生产条件的，不得从事生产经营活动。

《安全生产法》第 19 条：生产经营单位的安全生产责任制应当明确各岗位的责任人员、责任范围和考核标准等内容。

生产经营单位应当建立相应的机制，加强对安全生产责任制落实情况的监督考核，保证安全生产责任制的落实。

《安全生产法》第 20 条：生产经营单位应当具备的安全生产条件所必需的资金投入，由生产经营单位的决策机构、主要负责人或者个人经营的投资人予以保证，并对由于安全生产所必需的资金投入不足导致的后果承担责任。

有关生产经营单位应当按照规定提取和使用安全生产费用，专门用于改善安全生产条件。安全生产费用在成本中据实列支。安全生产费用提取、使用和监督管理的具体办法由国务院财政部门会同国务院安全生产监督管理部门征求国务院有关部门意见后制定。

《安全生产法》第 25 条：生产经营单位应当对从业人员进行安全生产教育和培训，保证从业人员具备必要的安全生产知识，熟悉有关的安全生产规章制度和安全操作规程，掌握本岗位的安全操作技能，了解事故应急处理措施，知悉自身在安全生产方面的权利和义务。未经安全生产教育和培训合格的从业人员，不得上岗作业。

生产经营单位使用被派遣劳动者的，应当将被派遣劳动者纳入本单位从业人员统一管理，对被派遣劳动者进行岗位安全操作规程和安全操作技能的教育和培训。劳务派遣单位应当对被派遣劳动者进行必要的安全生产教育和培训。

生产经营单位接收中等职业学校、高等学校学生实习的，应当对实习学生进行相应的安全生产教育和培训，提供必要的劳动防护用品。学校应当协助生产经营单位对实习学生进行安全生产教育和培训。

生产经营单位应当建立安全生产教育和培训档案，如实记录安全生产教育和培训的时间、内容、参加人员以及考核结果等情况。

《安全生产法》第 26 条：生产经营单位采用新工艺、新技术、新材料或者使用新设备，必须了解、掌握其安全技术特性，采取有效的安全防护措施，并对从业人员进行专门的安全生产教育和培训。

《安全生产法》第 28 条：生产经营单位新建、改建、扩建工程项目（以下统称建设项目）的安全设施，必须与主体工程同时设计、同时施工、同时投入生产和使用。安全设施投资应当纳入建设项目概算。

《安全生产法》第 34 条：生产经营单位使用的危险物品的容器、运输工具，以及涉及人身安全、危险性较大的海洋石油开采特种设备和矿山井下特种设备，必须按照国家有关规定，由专业生产单位生产，并经具有专业资质的检测、检验机构检测、检验合格，取得安全使用证或者安全标志，方可投入使用。检测、检验机构对检测、检验结果负责。

《安全生产法》第 37 条：生产经营单位对重大危险源应当登记建档，进行定期检测、评估、监控，并制定应急预案，告知从业人员和相关人员在紧急情况下应当采取的应急措施。

生产经营单位应当按照国家有关规定将本单位重大危险源及有关安全措施、应急措施报有关地方人民政府安全生产监督管理部门和有关部门备案。

《安全生产法》第 38 条：生产经营单位应当建立健全生产安全事故隐患排查治理制度，采取技术、管理措施，及时发现并消除事故隐患。事故隐患排查治理情况应当如实记录，并向从业人员通报。

《安全生产法》第 41 条：生产经营单位应当教育和督促从业人员严格执行本单位的安全生产规章制度和安全操作规程；并向从业人员如实告知作业场所和工作岗位存在的危险因素、防范措施以及事故应急措施。

《安全生产法》第 42 条：生产经营单位必须为从业人员提供符合国家标准或者行业标准的劳动防护用品，并监督、教育从业人员按照使用规则佩戴、使用。

2. 主要负责人职责（《安全生产法》第 18 条）

（1）建立、健全本单位安全生产责任制；

（2）组织制定本单位安全生产规章制度和操作规程；

（3）组织制定并实施本单位安全生产教育和培训计划；

（4）保证本单位安全生产投入的有效实施；

（5）督促、检查本单位的安全生产工作，及时消除生产安全事故隐患；

（6）组织制定并实施本单位的生产安全事故应急救援预案；

（7）及时、如实报告生产安全事故。

3. 安全生产管理机构及安全生产管理人员职责（《安全生产法》第 22 条）

（1）组织或者参与拟订本单位安全生产规章制度、操作规程和生产安全事故应急救援预案；

（2）组织或者参与本单位安全生产教育和培训，如实记录安全生产教育和培训情况；

（3）督促落实本单位重大危险源的安全管理措施；

（4）组织或者参与本单位应急救援演练；

（5）检查本单位的安全生产状况，及时排查生产安全事故隐患，提出改进安全生产管理的建议；

（6）制止和纠正违章指挥、强令冒险作业、违反操作规程的行为；

（7）督促落实本单位安全生产整改措施。

（二）部门监管责任

《安全生产法》第 9 条：国务院安全生产监督管理部门依照本法，对全国安全生产工作实施综合监督管理；县级以上地方各级人民政府安全生产监督管理部门依照本法，对本行政区域内安全生产工作实施综合监督管理。国务院有关部门依照本法和其他有关法律、行政法规的规定，在各自的职责范围内对有关行业、领域的安全生产工作实施监督管理；县级以上地方各级人民政府有关部门依照本法和其他有关法律、法规的规定，在各自的职责范围内对有关行业、领域的安全生产工作实施监督管理。安全生产监督管理部门和对有关行业、领域的安全生产工作实施监督管理的部门，统称负有安全生产监督管理职责的部门。

1. 安全生产监督管理部门的职责

《中共中央 国务院关于推进安全生产领域改革发展的意见》中指出，安全生产监督管理部门负责安全生产法规标准和政策规划制定修订、执法监督、事故调查处理、应急救援管理、统计分析、宣传教育培训等综合性工作，承担职责范围内行业领域安全生产和职业健康监管执法职责。

2. 行业部门的职责

《国务院安全生产委员会关于印发〈国务院安全生产委员会成员单位安全生产工作职责分工〉的通知》（安委〔2015〕5号）提出：负有安全监管职责的行业主管部门要按照“管行业必须管安全、管业务必须管安全、管生产经营必须管安全”的要求，做到安全生产责任“五落实”：一是落实“党政同责”，部门党政主要负责人对安全生产工作负总责；二是落实领导班子成员“一岗双责”，部门领导班子成员要在各自分管领域各负其责；三是落实行业领域安全生产监督管理责任，健全工作机构、明确工作职责、充实专业力量；四是落实日常监督检查和指导督促职责，加强本行业领域安全生产监管执法，做好有关事故预防控制，发生重特大事故立即派员到现场指导参与抢险救援、事故调查等工作；五是落实安全生产工作考核奖惩、“一票否决”等制度，建立自我约束、持续改进的安全生产长效机制，按照“谁主管、谁负责”、“谁审批、谁负责”的原则，督促落实企业安全生产主体责任，健全本行业领域安全生产责任体系。

《国务院安全生产委员会关于印发〈国务院安全生产委员会成员单位安全生产工作职责分工〉的通知》（安委〔2015〕5号）具体明确了国家发展改革委、教育部、科技部、工业和信息化部等37个国务院安全生产委员会成员单位的安全生产工作具体职责。

（三）政府属地管理责任

依照《安全生产法》：

（1）领导和协调。国务院和县级以上地方各级人民政府应当根据国民经济和社会发展规划制定安全生产规划，并组织实施。安全生产规划应当与城乡规划相衔接。国务院和县级以上地方各级人民政府应当加强对安全生产工作的领导，支持、督促各有关部门依法履行安全生产监督管理职责，建立健全安全生产工作协调机制，及时协调、解决安全生产监督管理中存在的重大问题。乡、镇人民政府以及街道办事处、开发区管理机构等地方人民政府的派出机关应当按照职责，加强对本行政区域内生产经营单位安全生产状况的监督检查，协助上级人民政府有关部门依法履行安全生产监督管理职责。(《安全生产法》第8条)

(2) 开展宣传教育。各级人民政府及其有关部门应当采取多种形式，加强对有关安全生产的法律、法规和安全生产知识的宣传，增强全社会的安全生产意识。(《安全生产法》第11条)

(3) 组织安全生产检查。县级以上地方各级人民政府应当根据本行政区域内的安全生产状况，组织有关部门按照职责分工，对本行政区域内容易发生重大生产安全事故的生产经营单位进行严格检查。安全生产监督管理部门应当按照分类分级监督管理的要求，制定安全生产年度监督检查计划，并按照年度监督检查计划进行监督检查，发现事故隐患，应当及时处理。(《安全生产法》第59条)

(4) 奖励举报投诉有功人员。县级以上各级人民政府及其有关部门对报告重大事故隐患或者举报安全生产违法行为的有功人员，给予奖励。(《安全生产法》第73条)

(5) 应急救援管理。县级以上地方各级人民政府应当组织有关部门制定本行政区域内生产安全事故应急救援预案，建立应急救援体系。(《安全生产法》第77条)

(6) 事故抢险和调查处理的职责。有关地方人民政府和负有安全生产监督管理职责的部门的负责人接到生产安全事故报告后，应当按照生产安全事故应急救援预案的要求立即赶到事故现场，组织事故抢救。(《安全生产法》第82条)

二、安全生产的三种法律责任

安全生产的三种法律责任分为刑事责任、行政责任和民事责任。

（一）刑事责任

1.《刑法》关于事故犯罪的总体情况

《刑法》关于事故犯罪的规定，集中在分则第二章危害公共安全罪中，共12个罪名：

（1）重大飞行事故罪（第131条）；

（2）铁路运营安全事故罪（第132条）；

（3）交通肇事罪（第133条）；

（4）重大责任事故罪（第134条第1款）；*

（5）强令违章冒险作业罪（第134条第2款）；*

（6）重大劳动安全事故罪（第135条）；*

（7）大型群众性活动重大安全事故罪（第135条之一）；*

（8）危险物品肇事罪（第136条）；

（9）工程重大安全事故罪（第137条）；

（10）教育设施重大安全事故罪（第138条）；

（11）消防责任事故罪（第139条）；

（12）不报、谎报安全事故罪（第139条）。*

（带“*”表示的是《刑法修正案（六）》所涉及的罪名）

2.关于犯罪构成和立案标准的规定

（1）《最高人民法院、最高人民检察院关于办理危害矿山生产安全刑事案件具体应用法律若干问题的解释》（法释〔2007〕5号）；

（2）《最高人民检察院、公安部关于公安机关管辖的刑事案件立案追诉标准的规定（一）》（公通字〔2008〕36号）；

（3）《最高人民法院印发〈关于进一步加强危害生产安全刑事案件审判工作的意见〉的通知》（法发〔2011〕20号）；

（4）《最高人民法院、最高人民检察院、公安部、国家安全监管总局关于依法加强对涉嫌犯罪的非法生产经营烟花爆竹行为刑事责任追究的通知》（安监总管三〔2012〕116号）。

3.事故犯罪的基本构成

（1）犯罪主体。根据《最高人民法院、最高人民检察院关于办理危害生产安全刑事案件适用法律若干问题的解释》（法释〔2015〕22号）第1条规定：《刑法》第134条第1款规定的犯罪主体，包括对生产、作业负有组织、指挥或者管理职责的负责人、管理人员、实际控制人、投资人等人员，以及直接从事生产、作业的人员。

（2）过失犯罪。《刑法》第15条规定：应当预见自己的行为可能发生危害社会的结果，因为疏忽大意而没有预见，或者已经预见而轻信能够避免，以致发生这种结果的，是过失犯罪。

（3）立案标准。《最高人民检察院、公安部关于公安机关管辖的刑事案件立案追诉标准的规定（一）》第8条、第9条、第10条规定了重大责任事故案、强令违章冒险作业案和重大劳动安全事故案的立案标准：造成死亡一人以上，或者重伤三人以上；造成直接经济损失五十万元以上的；发生矿山生产安全事故，造成直接经济损失一百万元以上的；其他造成严重后果的情形。

4. 所涉及的其他犯罪（主要8个）

（1）非法制造、买卖、运输、邮寄、储存枪支、弹药、爆炸物罪（《刑法》第125条第1款）；

（2）生产、销售不符合安全标准的产品罪（《刑法》第146条）；

（3）非法经营罪（《刑法》第225条）；

（4）提供虚假证明文件罪（《刑法》第229条第1款、第2款）；

（5）出具证明文件重大失实罪（《刑法》第229条第3款）；

（6）滥用职权罪（《刑法》第397条）；

（7）玩忽职守罪（《刑法》第397条）；

（8）徇私舞弊不移交刑事案件罪（《刑法》第402条）。

（二）行政责任

1. 行政处罚

（1）《安全生产法》第62条、第91条、第97条、第110条。

《安全生产法》中所规定的行政处罚情况。第62条提出：安全生产监督管理部门和其他负有安全生产监督管理职责的部门依法开展安全生产行政执法工作，对生产经营单位执行有关安全生产的法律、法规和国家标准或者行业标准的情况进行监督检查，行使以下职权：（一）进入生产经营单位进行检查，调阅有关资料，向有关单位和人员了解情况；（二）对检查中发现的安全生产违法行为，当场予以纠正或者要求限期改正；对依法应当给予行政处罚的行为，依照本法和其他有关法律、行政法规的规定作出行政处罚决定；（三）对检查中发现的事故隐患，应当责令立即排除；重大事故隐患排除前或者排除过程中无法保证安全的，应当责令从危险区域内撤出作业人员，责令暂时停产停业或者停止使用相关设施、设备；重大事故隐患排除后，经审查同意，方可恢复生产经营和使用；（四）对有根据认为不符合保障安全生产的国家标准或者行业标准的设施、设备、器材以及违法生产、储存、使用、经营、运输的危险物品予以查封或者扣押，对违法生产、储存、使用、经营危险物品的作业场所予以查封，并依法作出处理决定。监督检查不得影响被检查单位的正常生产经营活动。

第 91 条提出：生产经营单位的主要负责人未履行本法规定的安全生产管理职责的，责令限期改正；逾期未改正的，处二万元以上五万元以下的罚款，责令生产经营单位停产停业整顿。生产经营单位的主要负责人有前款违法行为，导致发生生产安全事故的，给予撤职处分；构成犯罪的，依照刑法有关规定追究刑事责任。生产经营单位的主要负责人依照前款规定受刑事处罚或者撤职处分的，自刑罚执行完毕或者受处分之日起，五年内不得担任任何生产经营单位的主要负责人；对重大、特别重大生产安全事故负有责任的，终身不得担任本行业生产经营单位的主要负责人。

第 97 条提出：未经依法批准，擅自生产、经营、运输、储存、使用危险物品或者处置废弃危险物品的，依照有关危险物品安全管理的法律、行政法规的规定予以处罚；构成犯罪的，依照刑法有关规定追究刑事责任。

第 110 条提出：本法规定的行政处罚，由安全生产监督管理部门和其他负有安全生产监督管理职责的部门按照职责分工决定。予以关闭的行政处罚由负有安全生产监督管理职责的部门报请县级以上人民政府按照国务院规定的权限决定；给予拘留的行政处罚由公安机关依照治安管理处罚法的规定决定。

(2)《生产安全事故报告和调查处理条例》(国务院令第493号)的“双罚制”，即：对事故责任人员、事故发生单位均设定了事故处罚。参见第35条、第36条、第37条、第38条。

《生产安全事故报告和调查处理条例》(国务院令第493号)第35条提出：事故发生单位主要负责人有下列行为之一的，处上一年年收入40%至80%的罚款；属于国家工作人员的，并依法给予处分；构成犯罪的，依法追究刑事责任：(一)不立即组织事故抢救的；(二)迟报或者漏报事故的；(三)在事故调查处理期间擅离职守的。

《生产安全事故报告和调查处理条例》(国务院令第493号)第36条提出：事故发生单位及其有关人员有下列行为之一的，对事故发生单位处100万元以上500万元以下的罚款；对主要负责人、直接负责的主管人员和其他直接责任人员处上一年年收入60%至100%的罚款；属于国家工作人员的，并依法给予处分；构成违反治安管理行为的，由公安机关依法给予治安管理处罚；构成犯罪的，依法追究刑事责任：(一)谎报或者瞒报事故的；(二)伪造或者故意破坏事故现场的；(三)转移、隐匿资金、财产，或者销毁有关证据、资料的；(四)拒绝接受调查或者拒绝提供有关情况和资料的；(五)在事故调查中作伪证或者指使他人作伪证的；(六)事故发生后逃匿的。

《生产安全事故报告和调查处理条例》(国务院令第493号)第37条提出：事故发生单位对事故发生负有责任的，依照下列规定处以罚款：(一)发生一般事故的，处10万元以上20万元以下的罚款；(二)发生较大事故的，处20万元以上50万元以下的罚款；(三)发生重大事故的，处50万元以上200万元以下的罚款；(四)发生特别重大事故的，处200万元以上500万元以下的罚款。

《生产安全事故报告和调查处理条例》（国务院令第 493 号）第 38 条提出：事故发生单位主要负责人未依法履行安全生产管理职责，导致事故发生的，依照下列规定处以罚款；属于国家工作人员的，并依法给予处分；构成犯罪的，依法追究刑事责任：（一）发生一般事故的，处上一年年收入 30%的罚款；（二）发生较大事故的，处上一年年收入 40%的罚款；（三）发生重大事故的，处上一年年收入 60%的罚款；（四）发生特别重大事故的，处上一年年收入 80%的罚款。

2. 纪律处分

（1）《国务院关于特大安全事故行政责任追究的规定》（国务院令第 302 号）；

（2）《安全生产领域违法违纪行为政纪处分暂行规定》（监察部、安监总局第 11 号令）；

（3）《安全生产领域违纪行为适用〈中国共产党纪律处分条例〉若干问题的解释》（中纪发〔2007〕17 号）；

（4）《关于实行党政领导干部问责的暂行规定》（中办、国办，2009 年）；

（5）《安全生产监管监察职责和行政执法责任追究的暂行规定》（安监总局令第 24 号）。

（三）民事责任

（1）《安全生产法》第 100 条、《职业病防治法》第 59 条、《劳动合同法》第 88 条；

（2）《工伤保险条例》、《非法用工单位伤亡人员一次性赔偿办法》（人力资源和社会保障部令第 9 号）；

（3）《最高人民法院关于审理人身损害赔偿案件适用法律若干问题的解释》（法释〔2003〕20 号）；

（4）劳动关系：工伤保险待遇替代用人单位对从业人员的赔偿；

（5）雇佣关系：由雇主承担，事故由第三人造成的，雇主赔偿后可以向第三人追偿；

(6) 非法用工：一次性赔偿（30 年标准），即：造成从业人员死亡的，按照上一年度全国城镇居民人均可支配收入的 20 倍支付一次性赔偿金，并按照可支配收入的 10 倍一次性支付丧葬补助等其他赔偿金；

(7) 连带赔偿：发包人、分包人知道或者应当知道接受发包或者分包业务的雇主没有相应资质或者安全生产条件的，应当与雇主承担连带赔偿责任。

（四）安全生产"尽职免责"

《安全生产监管监察职责和行政执法责任追究的暂行规定》（安监总局令第 24 号）提出：按照批准、备案的安全监管或者煤矿安全监察执法工作计划、现场检查方案和法律、法规、规章规定的方式、程序已经履行安全生产监管监察职责的，行政执法人员不承担责任。

参 考 文 献

[1] 陈宝智．安全原理［M］．2版．北京：冶金工业出版社，2004.

[2] 隋鹏程，陈宝智，隋旭．安全原理［M］．北京：化学工业出版社，2005.

[3]《安全科学技术百科全书》编委会．安全科学技术百科全书［M］．北京：中国劳动社会保障出版社，2003.

[4] 傅贵．安全管理学——事故预防的行为控制方法［M］．北京：科学出版社，2013.

[5] 徐伟东．事故调查与根源分析技术［M］．4版．广州：广东科技出版社，2017.

[6] 全国注册安全工程师执业资格考试辅导教材编审委员会．安全生产管理知识［M］．北京：煤炭工业出版社，2004.

[7] KENGER P，KARLSSON A. Human Error Driving the Development of a Checklist for Foreign Material Exclusion in the Nuclear Industry［J］. Human Factors and Ergonomics in Manufacturing & Service Industries，2007，17（3）：283－298.

[8] Rigby L V. The Nature of Human Error［A］. Annual Technical Conference of the ASQC，American Society for Quality Control［C］. Milwaukee，Wisconsin，1970.

[9] REASON J. Human Error［M］. Cambridge：Cambridge University Press，1990.

[10] BESCO R O. Human Performance Breakdowns Are Rarely Accidents：They Are Usually Very Poor Choices with Disastrous Results［J］. Journal of Hazardous Materials，2004，115（1－3）：155－161.

[11] NORMAN D A. Categorization of Action Slips［J］. Psychological Review，1981，88：1－15.

[12] ALAN HOBBS. Latent Failures in the Hanger: Uncovering Organizational Deficiencies in Maintenance Operations [C] . Annual Seminar on International Society of Air Safety Investigation, 2004.